品读经典美文
在朴实无华的
文字中感受生命的
温暖与感动

悟出人生 点亮心灵

DIANLIANG XINLING

路璐 编

黑龙江科学技术出版社

图书在版编目（CIP）数据

悟出人生，点亮心灵 / 路璐编. -- 哈尔滨 : 黑龙江科学技术出版社, 2015.10
ISBN 978-7-5388-8464-7

Ⅰ. ①悟… Ⅱ. ①路… Ⅲ. ①人生哲学－通俗读物 Ⅳ. ①B821-49

中国版本图书馆 CIP 数据核字(2015)第 175846 号

悟出人生，点亮心灵
WUCHU RENSHENG,DIANLIANG XINLING

作　　者　路　璐
责任编辑　回　博
封面设计　灵　雪
出　　版　黑龙江科学技术出版社
　　　　　地址：哈尔滨市南岗区建设街 41 号　邮编：150001
　　　　　电话：（0451）53642106　传真：（0451）53642143
　　　　　网址：www.lkcbs.cn　www.lkpub.cn
发　　行　全国新华书店
印　　刷　北京市通州兴龙印刷厂
开　　本　787 mm × 1 092 mm　1/16
印　　张　13
字　　数　190 千字
版　　次　2015 年 10 月第 1 版　2015 年 10 月第 1 次印刷
书　　号　ISBN　978-7-5388-8464-7/ Z · 1263
定　　价　28.80 元

目录
contents

走出心门外

简单生活，简单快乐

慧心观世界

找准生命的定位了吗

因为相信，所以超越

其实都不冷漠

闲倚窗前悟人生

走出心门外

怀疑和恐惧往往跟失败紧密相连。一个人无论做什么，光有雄心是不够的，还要从心理上坚强起来，以勇往直前、不屈不挠的大无畏精神去拼搏，只有这样，才能真正品尝到成功之果。

上帝的救援

有一个年轻人，他一直虔诚地信仰上帝，每天他都向上天祈祷。他相信上帝一定能注意到他这个忠心的信徒；当他最困难的时候，上帝肯定会出现并毫不犹豫地帮助他。

一天，一场突如其来的洪水袭击了村庄，所有的房屋都被摧毁，所有的财物都被毁坏，所有的人都被冲到水中，这个年轻人也不例外，他跟大家一起在水中漂浮着。只不过他不像其他落水的人那样高声呼救，因为他觉得现在是该上帝来帮助他的时候了，他相信他一定能得救，他对上帝有着无比的信心。

突然，一个浪头打来，浑浊的水灌进了年轻人的嘴里，他本能地挣扎起来。等他再次浮上来的时候，他发现前面不远处漂着一根木头，只要他一伸手，就可以抓住那根木头，但是年轻人没有伸手。他心想：我这么相信上帝，上帝肯定会来救我的。如果我靠木头爬上了岸，我就没机会得到上帝对我的眷顾了。于是他眼睁睁地看着木头漂走了。

当年轻人再次从水中浮上来时，一艘救援船发现了他，船上的人叫他把手伸过来。年轻人这时已经很累了，但是他拒绝上船。他说："不用了，上帝会来救我的。"于是船就从他身边开走了。

当年轻人第三次浮出水面时，一架直升机正在他头上盘旋着，上面垂下一根绳子，只要年轻人伸手抓住绳子，他就可以被拉上飞机。可年轻人再次拒绝了，因为，他相信上帝很快就会来救他的，他心中的信念坚定无比。

就这样，年轻人在波涛中载浮载沉。他无数次地被卷入水中又浮出来，他已经筋疲力尽了。又一个浪头冲过来，年轻人再次被卷入水中，这次，他再也没能浮上来。后来，他终于见到了上帝，上帝正在悠闲地喝着茶。年轻人不满地对上帝说："我对你这么信任，可在我最危难的时候，你却不肯出手来救我。世人信仰上帝又有何用？倒不如信仰自己。"

上帝微笑着对年轻人说："这不能怪我，在你危难的时候，我曾派了一根木头、一艘船和一架飞机去救你，可你连手都不肯伸一下，这能怪我吗？"

年轻人顿时目瞪口呆。他根本没想到，那根木头、那艘船和那架飞机居然就是上帝派去的使者，只要他肯伸一下手就能得救，他却有眼不识"上帝"，把活命的机会白白放过了。他后悔不已，但却无法挽回了。

其实，生命中太多的障碍，皆是由过度的固执与愚昧无知造成的。在遇到困难的时候，我们都不免希望有贵人相助，但是，援助也是要积极争取的，不可能只是被动接受。这个世界上没有人有义务给予你帮助。在期望别人伸出援手之际，别忘了，唯有我们自己也愿意伸出手来，人家才能帮得上忙。

Zhesixiaoyu

哲思小语

生活中，我们常会见到一些"衣来伸手，饭来张口"的人。这样的人，在家依赖父母，在外依赖别人，遇到困难时，也只是等待别人的帮助，而自己从不肯动脑筋，于是，渐渐就形成了一种惰性思维，最终害了自己。因此，我们不能做这种消极懒惰的寄生虫，而要树立积极独立的人生观。

开水与咖啡豆

一个女孩不停地对父亲抱怨她的生活，抱怨事事都那么艰难，好像一个问题刚解决，新的问题又出现了。她不知该如何应对这一切，她已厌倦抗争和奋斗，想要自暴自弃了。

女孩的父亲是位厨师，他听了女儿的话，既没有责备也没有劝慰，只是默默地把她带进厨房。他先往三只锅里倒入一些水，然后把它们放在旺火上烧。不久，锅里的水烧开了。他往第一只锅里放了些胡萝卜，往第二只锅里放了只鸡蛋，往最后一只锅里放入碾成粉末状的咖啡豆。他把它们浸入开水中煮，依然一句话也没有说。

女儿咂咂嘴，不耐烦地等待着。她很纳闷，不知道父亲是何用意。大约20分钟后，父亲关闭了炉火，把第一只锅里的胡萝卜捞出来放入一个碗内，把第二只锅里的鸡蛋盛入另一个碗内，然后又把第三只锅里的咖啡倒入一个杯子里。做完这些后，他才转过身问女儿："亲爱的，你看见什么了？"

"胡萝卜、鸡蛋、咖啡。"她机械地回答。

父亲让她靠近些，并让她用手摸摸胡萝卜。她摸了摸，注意到它们变软了。父亲又让女儿拿起鸡蛋并打破它。将壳剥掉后，她看到了一只煮熟的鸡蛋。最后，他让她喝了咖啡。品尝到香浓的咖啡，女孩笑了。她怯生生地问："父亲，这是什么意思？"

父亲语重心长地对女儿说："这三样东西面临的是同样的逆境——煮沸的开水，但其反应各不相同。胡萝卜入锅之前是强壮的，结实的，毫不示弱；但进入开水之后，它就变软了，变弱了。鸡蛋原来是易碎的，它薄薄的外壳保护着它液体状的内脏；但是经开水一煮，它的柔弱如水的内脏就变硬了。而粉状咖啡豆则很独特，进入沸水之后，它们倒变成了液体。"

"哪个是你呢？"他问女儿，"当逆境找上门来时，你该如何反应？你是胡萝卜，是鸡蛋，还是咖啡豆？"

Zhesixiaoyu

哲思小语

生活不可能一帆风顺，当我们处于逆境之时，既不应该像煮过的胡萝卜那样，软绵绵的，丧失原有的骨气，也不应该像鸡蛋那样，让温柔的内心变硬，而应该像独特的咖啡豆，在磨炼中升华自己，从而散发出浓浓的馨香。

生命试金石

著名的亚历山大图书馆在一次火灾中被毁，人们在废墟中发现了残存的一本书。可惜的是，这唯一幸免于火灾的书没有任何学术价值，于是，政府打算把这本书拍卖掉。大家都知道这本书没有任何价值，因此没有人打算买这本书。最终，一个穷学生以3个铜币的低价得到了这本书。这本书不但没有学术价值，连内容也枯燥无味。不过，那名穷学生在没有其他书可读的情况下，还是经常把这本书拿出来翻阅。翻到后来，书渐渐被翻破了，竟从书脊里掉出一张小纸条，上面写着试金石的秘密：试金石是能把任何金属变成纯金的一种小鹅卵石，它看起来和普通的鹅卵石一样，也是静静地躺在沙滩上；不过，一般的鹅卵石较冷，而试金石摸起来是温暖的。

穷学生看到这个秘密后，欣喜若狂，他立即跑到大海边，开始认真地寻找试金石。穷学生满怀信心地挑选着那些鹅卵石，可是那些石头摸起来都是冰凉的。穷学生渐渐地有些失望了，于是，他愤懑地把捡起来的每块凉凉的鹅卵石朝大海深处扔去。他就这样日复一日、年复一年地在海边扔鹅卵石，他的力气越来越大，而那些鹅卵石也被他扔得越来越远。就这样过了很多年。有一天，穷学生捡到了一块温暖的鹅卵石。然而，他已经形成了石头到手就扔的习惯，当他意识到那是块温暖的鹅卵石时，它已被他扔到了深海中。那块传说中的试金石就这样与他失之交臂，为此，他懊恼地潜到海底，寻找了许多天，但还是没有找到被他扔出去的那块试金石。

穷学生终于失望了，他一无所获地回到首都。当时城里正在举行建国百年庆典，国王一时开心，摆擂台寻找全国力气最大的人，冠军不但可以被封为伯爵，还可获得大量黄金和良田的赏赐。穷学生随着众人去看热闹，看来看去，都觉得那些人没有自己的力气大。于是他抱着好玩的心态，走上台去比试。结果，他打败了所有的对手，获得全国大力士冠军，得到了国王的赏赐。从此，穷学生变成了富裕而体面的伯爵。为了感谢那本给他带来好运的书，他决定把那本书重新装订并保存起来。当他拆开书脊以便重新装订时，却在书脊里发现了夹藏的另一张纸条，上面写着：世界上本没有真正的试金石，所谓的试金石不过是你对人生的态度；如果你只是一味地抱怨没有机会，那么，即使机会真的到了手边，你也把握不住。

Zhesixiaoyu

哲思小语

世界上不存在真正的试金石，但却存在一种“生命的试金石”，那就是一种积极向上的人生态度，以及锲而不舍的拼搏精神。谁拥有了这样的“试金石”，谁就能成为一块金光闪闪的金子。

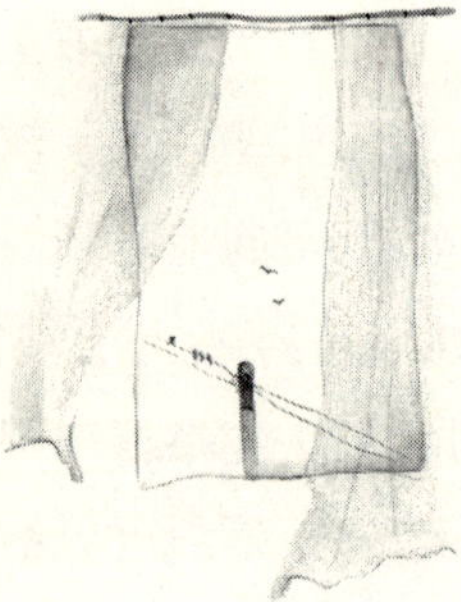

上帝的食物

树林里有一只狐狸和一只小鹿，因为发洪水把食物都冲走了，它们一连几天都只有空着肚子。这天，它们打起精神，在树林里四处寻找，希望能找到一点儿吃的，但是找了很久还是什么都没找着，而肚子却叫得越来越响了。于是，它们就向上帝祷告："仁慈的上帝啊，给我们一点儿吃的吧，不然我们就要饿死了。"这时，天空中传来上帝的声音："我给你们两个盒子，其中一个装满了食物，另一个则是空的。你们只能用眼睛观察，选择一个。"上帝刚说完，狐狸和小鹿面前就出现了两个盒子。但是两个盒子一模一样，光靠眼睛实在看不出食物装在哪个盒子里。过了一会儿，狐狸说话了："上帝说这两个盒子中有一个装满了吃的，我看上帝是骗我们的，这两个盒子肯定都是空的。"狐狸话音刚落，一个盒子开口说话了："我才不空呢。"狐狸听了这话，马上伸出手来，抱走了另外一个盒子。打开一看，里面果然装满了食物。小鹿非常惊讶，问道："你怎么看出这个盒子里有食物的？"狐狸得意地说："空盒子最怕别人说它空，装满了食物的盒子是不怕别人说的。"

Zhesixiaoyu

哲思小语

在生活中，我们常常发现：越是没本事的人，越是到处张扬，唯恐别人看出他的无知；而真正有才华的人，总是谦虚而低调的。因此，我们应该成为一个真正有才华的人，而不是一个华而不实、虚伪的人。

没有工作的天堂

星期六的晚上，我们一家正在吃晚饭。哥哥说，他的同事小张交上了好运，前天中了五百万元的大奖。全家人都惊羡不已。哥哥接着说，什么时候，他也中五百万就好了，有了这五百万，全家人一辈子都可以不用工作了。父亲看了哥哥一眼说："你知道一辈子不工作是什么滋味吗？""那还用问吗？肯定是最快乐、最惬意的了。"父亲没再说什么，而是给我们讲了一个故事：

从前有一个人，由于家境贫困，他从小就离家外出谋生。他走过了许多地方，做过许多工作。最开始，他工作是为了填饱肚子；长大后，需要有个家，于是，他继续努力工作，先后买了房子，娶了妻子；紧接着，又有了孩子。等孩子长大后，他也老了。本以为不用工作了，可以享几天清福了，可是没过多久，他就死了。死后，他的灵魂飘飘荡荡，不知来到了什么地方。这时，他看到了一座金碧辉煌的宫殿，里面的人全都无所事事，悠闲自在。他很好奇，就贸然闯了进去。

这里的主人很热情，不但盛情款待了他，还邀请他留下来。他喜不自禁，连连点头答应。后来，宫殿的主人问他还有什么心愿。这个人抱怨道："我活着的时候，辛苦了一辈子。我讨厌每天忙碌地工作，现在我什么也不想做，只想睡了吃，吃了睡，就像这里其他的人一样过着安逸的生活。"

宫殿的主人回答道:"这好办,我马上就可以满足你的要求。我可以让你从此过上安逸的生活,可以让你住上豪华的房子,吃上丰盛的食物,一切都可以由你自己做主。而且,这里没有任何工作需要你去做。"

这个人非常高兴,从此,他就在这里住下了。

开始的几天里,这个人吃饱了就睡,睡醒了就吃,过得非常愉快。他感到这里简直就是天堂,不用受任何管束,不用做任何工作,还可以随心所欲地享受。但是慢慢地,他觉得每天这样浑浑噩噩地度过实在很无聊,便去求见宫殿的主人。他抱怨道:"这种成天吃吃睡睡的日子实在太没意思了。你看我现在这种大腹便便的样子,连走路都困难了,你能给我找一些工作吗?"

宫殿的主人微笑着说:"对不起,我无法满足你的要求,因为我这里根本就没有工作。"

这样又过了一段时间,这个人实在无法忍受这种无所事事的生活了,于是,他又去求见宫殿的主人:"这种日子实在让人受不了,如果再这样下去,我宁愿下地狱也不愿待在这里。"

宫殿的主人依然笑吟吟地答道:"你认为这里是天堂吗?这里本来就是地狱啊!"

讲完了故事,父亲问哥哥:"你现在还希望自己中五百万吗?"

"当然希望,不过,我会把它捐给希望工程,我自己嘛,该干什么还干什么。"哥哥的回答引起了一片笑声,我却陷入了沉思。

Zhesixiaoyu

哲思小语

劳动是生活的一部分,逃避劳动也就是逃避生活。没有工作的地方,天堂也是地狱。因此,我们不必羡慕那些不劳而获的人,他们的生活看似悠闲,其实无聊至极。只有投入地工作,辛勤地劳动,才会得到真正的快乐。

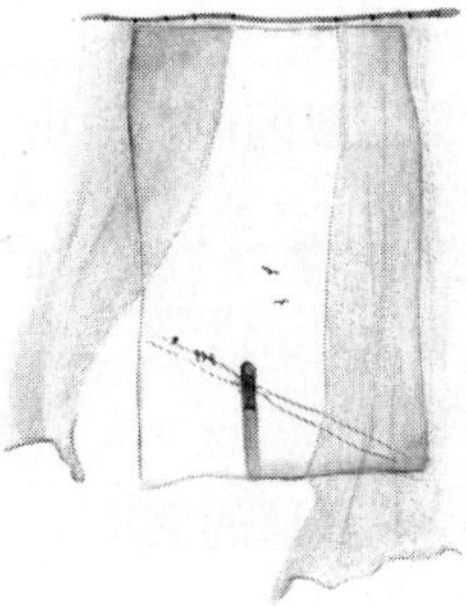

四个好朋友

传说在一个古老的国家里，住着四个好朋友。他们非常要好，几乎到了形影不离的地步。这四个好朋友的名字分别是：雄心、怀疑、恐惧和失败。

一天，他们听说在海的那边，有一种叫成功的果树，结着世界上最甜美的果实。于是，雄心便提议，他们一起航海去摘取成功果。怀疑虽然顾虑重重，但经不起雄心的一再鼓动，就答应了。恐惧虽胆小怕事，但它又害怕自己错过了品尝成功果的机会，于是也答应了。只有失败一人连连摇头，说所谓的成功果的传说纯粹是空穴来风，世间根本就没有这么一种果树。但他看到雄心、怀疑与恐惧他们都去，他也没有理由留下来，因为，他可从来就没有跟怀疑和恐惧分开过啊。

就这样，他们选了一个风和日丽的日子扬帆远航了。当他们驶到大海中央的时候，突然遭遇到了飓风的袭击。他们的船帆、船桨以及发动机都受到了严重的毁坏，并且备好的食物也有大部分都被巨浪卷入了海底，最可怕的是，航海的指南针也被卷进了大海。

面对这突如其来的灾难，恐惧开始打退堂鼓，说："我们还是回去吧，这种样子根本就不可能平安到达，而且，就算费尽千辛万苦到了岸边也不一定真能找到成功果。"害怕也在一旁附和着，而失败则扬扬得意地说："我早就说过，这根本就是一次荒唐的航行。"

只有雄心没有放弃希望，他一边把船舱里的水舀到海里，一边将一个钩子系在一根很长的绳子上，然后将其丢在水中，企图捞出指南针。

突然，他觉得绳子的另一端真的钩住了一个很重的东西。可是，等他把绳子拉上来时，绳子的另一端钩住的竟然是一个古代的油灯。

雄心正准备将这油灯扔回海里，竟听到了油灯说话的声音：

“谢谢！谢谢你们让我重新获得了自由。”随着一个雷霆般的声音发出，他们眼前出现了一个巨大的魔鬼。“为了报答你们的恩情，我愿意让你们每个人实现一个愿望。”

说着，魔鬼转向了怀疑，询问他有什么愿望。

“我不想再去寻找什么成功果了，我想现在就待在温暖舒适的家里。”

只听得“嗖”的一声响，他的愿望实现了。

魔鬼又转向恐惧。恐惧说：“刚才的大风大浪太可怕了，我再也不想遇到了，我也想回家去。”

同样，他的愿望也立即实现了。

魔鬼又转身问失败。

“这个结局在我们出发前我就预料到了。我们根本就不该来，我是为了不想与他们分开。现在，送我到我的两位好朋友那里去吧。并且，我敢肯定，雄心也不会跟我们分开的。”

失败刚一说完，他的愿望就实现了。

最后，魔鬼征求雄心的愿望。雄心悲叹道：“唉，我原以为我们可以克服这些困难的，现在看来，还是失败说得对啊。也许根本就没有什么成功果，即使有，如果只有我一个人，又有什么意思呢，还是让我跟朋友们在一起吧。”

当然，他的愿望也一样实现了。

Zhesixiaoyu

哲思小语

怀疑和恐惧往往跟失败紧密相连。摆脱不了怀疑和恐惧，也就无法摆脱失败。因此，一个人无论做什么，光有雄心是不够的，还要从心理上坚强起来，以勇往直前、不屈不挠的大无畏精神去拼搏，只有这样，才能真正品尝到成功之果。

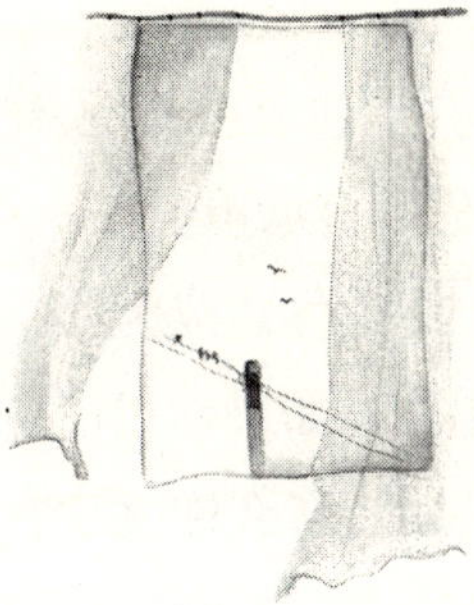

自我打造生活

生活是由自己创造的，而且，人人都享有创造生活的权利。然而，如今，人们总是说自己没有能力描绘美好的生活。实际上，他们忽视了一个根本的事实——决定我们成功与失败的并不在于任何外部条件，而在于我们是否有实现自己心中热望的信心与积极性。

无疑，这种挑战就是如何创造并掌握自己的生活。一旦你明白自己是生活的创造者，那么你就可以按照自己的选择与希望来创造生活。在这里，你将会学到如何承担责任与发挥无限的潜能，它们会带你走进你想要的生活，并教会你如何主宰生活。

承担责任指的是要认可自己应承担的责任，并了解自己对周围环境所产生的影响和作用。这就意味着，你要对自己的行为负责，要完全承担由自己的行为所造成的一切后果。

学会承担责任，能够使你不断前进，创造更美好的未来。我知道一个叫玛丽的女子，她勇于向命运挑战的事迹一直让我备受鼓舞。玛丽出生在古巴，两岁时，举家搬迁到迈阿密。他们的生活极度贫困，所住的地方是迈阿密的危险地区，犯罪和毒品已泛滥成灾。然而，玛丽在她仅八岁时就立志要干出一番事业，而不甘心只当个女佣或是当地超市的收银员。为此，她每天准时上学，从不旷课，有时甚至不得不从那些醉倒在家门口的酒鬼身上跨过去。

最终，玛丽离开了迈阿密，并获得了很好的教育，她的音乐天赋也得到发展。玛丽本可以向命运屈服、埋怨自己的父母或是当地的文化状况，也可以完全拒绝承担任何责任。然而,玛丽还是承担了自己的责任,并且创造了值得自己骄傲的生活。

承担责任是每一个成年人的必修课。如果你还没有学会承担责任,现在还不晚。记住,生活会为你提供许许多多的机会,让你学会承担责任。

还有一课便是发挥无限潜能,你必须学会这一点。无论你想成为什么样的人或是做什么样的事情,并没有明确的界限来限制你。如果你相信自己的进步是永无止境的,自己的发展潜力也是无穷无尽的,那么你就学会了这一课。

从来到人世的那天起,你就应该知道潜能是无限的。然而,随着你慢慢地成长,逐渐融入社会,你或许会怀疑有种种障碍在阻止你实现精神、情感和思想上既定的最高目标。其实,这些障碍只存在于你的心里。如果你能超越这些障碍,那么你就学会了发挥无限潜能这一课。

在我小时候,有一位老师(卡蓬夫人)深知这一课的重要性。她时时提醒我们:只要下定决心,我们就能做到任何事情——无论它们看起来是无法实现的,还是受到重重阻碍的。我真心希望世上每所学校都能有一位像卡蓬夫人一样的老师,这样,我们的孩子就能够懂得他们身上所拥有的非凡才能与力量,而且会努力实现自己心中的目标。

在这个世界上,人们一次又一次地证明了这样一个道理:世上无难事,只怕有心人。

Zhesixiaoyu

哲思小语

有时我们在遇到困难时,经常抱怨环境的恶劣,或叹息命运的不幸。然而,生活是由我们自己打造的,只要我们勇敢地面对生活,发挥自己的无限潜能,我们就能得到自己想要的生活,并成为生活的主宰者。否则,就只能永远成为生活的失败者。

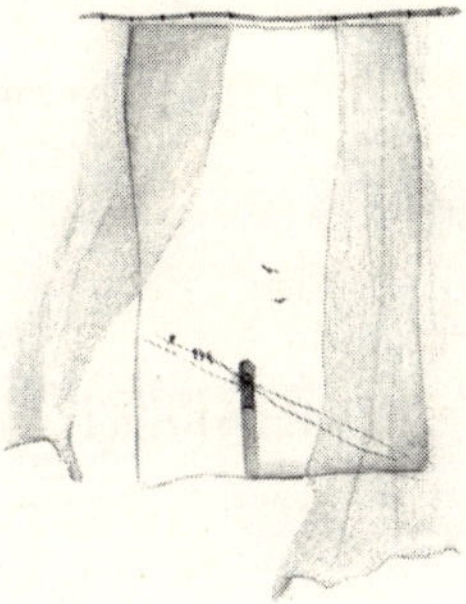

诗人之梦

一天,一位乡下小伙子登门拜访了著名的大诗人爱默生。小伙子自称是位诗歌爱好者,从7岁起就开始进行诗歌创作,但由于地处偏僻之乡,一直得不到名师的指点。因仰慕爱默生的大名,故不远千里前来寻求大师的指导。

爱默生见这位青年虽然出身贫寒,但谈吐优雅、气度不凡,便热情地接待了他。

临走的时候,青年诗人留下了几页诗稿,希望爱默生能抽时间指点指点。

爱默生读了这几页诗稿后, 便认定这位乡下小伙子在文学上前途无量,于是,他决定凭借自己在文学界的影响大力提携他。

爱默生将青年的诗稿推荐给文学刊物发表,但反响平平,他写信鼓励青年诗人不要气馁,并希望他继续将自己的作品寄来。于是,两位诗人从此开始了频繁的书信来往。

青年诗人的每封信都是洋洋洒洒好几页。他那激情洋溢的文字,以及敏捷的才思,都让爱默生更加确定他是一个不可多得的天才诗人。在文学聚会上,爱默生总是对他的才华大加赞赏,在与友人交谈时也经常提起这位难得的诗人。因此,青年诗人很快就在文坛上有了一些名气。

但是,这位青年诗人却再也没有给爱默生寄诗稿来,而他的信却越写越长,奇思妙想也层出不穷。后来,他的言语中竟开始以著名诗人自居,语气也越来越傲慢。

有一次，爱默生写信邀请青年诗人前来参加一个文学聚会。青年诗人爽快答应了，并如期而至。

“为什么一直没有给我寄稿子？”爱默生问。

“我正在创作一部长篇史诗。”青年诗人踌躇满志地回答。

“其实你的抒情诗写得很有特色，为什么不继续下去呢？”

“那不过是小打小闹，没什么意思。要成为一个大诗人就必须得写长篇史诗。”

“你以为那些抒情诗不过是小打小闹？”

“是的。我是个大诗人，应该写大作品。”

“那么好吧，你很有才华，希望能尽早读到你的大作。”

“不会太久的，我已完成了第一部，它很快就会公诸于世。”

在那次的文学聚会上，这位青年诗人大出风头。他逢人便谈他的伟大作品。虽然谁也没有拜读过他的大作，甚至他那几首由爱默生推荐发表的小诗也很少有人读过，但他谈吐中所表现的才华和锋芒却让每个人都认为他必将成大器。

后来，青年诗人一如既往地给爱默生写信，只是再也不提他的那部长篇史诗。渐渐地，他的信也越写越短，语气也越来越沮丧。后来，他终于不得不在信中承认，他已很长时间没有写诗了，那所谓的大作品不过是他的空想。

他在信的末尾写道：“您的赞赏让我深感荣幸！周围所有人都认为我很有才华，并前途无量，我自己也这么认为。于是，在想象中，我感觉自己是不可一世的大诗人，可在现实中，我却一个字也写不出来。”

Zhesixiaoyu
哲思小语

有理想，有梦想，都是人生的伟大目标。当我们在实现这一目标的进程中有些收获时，我们千万不能自满。特别是我们在得到一些人的帮助后，被人肯定时更不能傲慢和无视帮助你的人，如果这样，你之前的努力就会付诸东流，更会被他人唾弃，一文不值，别说成功，就连做人也会很失败。

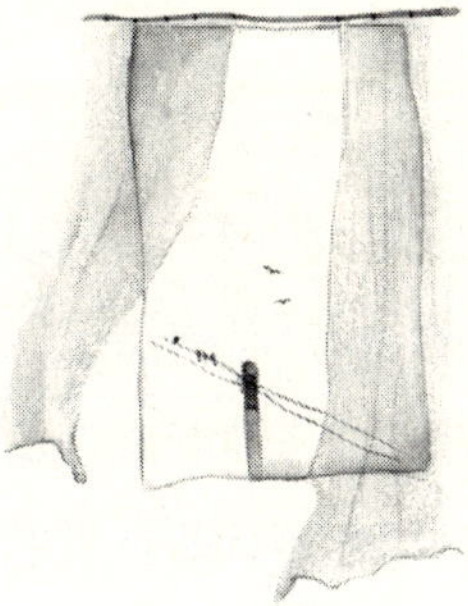

寻回光明的自我

一个寒冬的夜晚，北风呼啸，大雪纷飞。在约克镇的一个破工棚里，琼森独自蜷缩在破床上，连日来的饥寒，使他进入了半昏迷状态。朦胧中，也许是一场梦，也许只是幻觉，他看见一扇窗，窗内的火炉边，坐着一个跟他长得一模一样的人。

这个人神采奕奕，精神饱满。他招手示意琼森过去取暖，琼森虽然自惭形秽，但还是怯生生地照办了。接着，他示意琼森见见屋子里的其他人。琼森躲在墙角偷看了几眼，顿时感到局促不安，那些人都是琼森以前的雇主、朋友或者熟人。琼森走开了，他没有勇气和他们会面。

接连几天，琼森都被邀请到那个暖和的屋子里。那些他羞于相见的人也都在里面，但他始终没有勇气见他们。

一天，琼森终于忍不住了，问屋子的主人："你到底是谁？"

"我是光明的自我，和你曾经住在同一个身体里，虽然偶有摩擦，但大多数时间里还是相安无事的。可是，你渐渐变了，我们的关系也逐渐紧张了，最终，我只好黯然离开。每个人的体内都有两个自我：一个光明，一个阴暗。你将我排挤出来后，你的身体里就只剩下阴暗了。"那人回答说。

"你为什么要逼迫我去见那些人？"琼森又问。

"恰恰相反，是你在逼迫我！我被你赶走后，你就拖着身体一直坠落，你难道不知道，终点就是死亡吗？现在你已经走到死亡的边缘了，只要再往下走一步，我就只能和你同归于尽了。如果你用点儿头脑，有点儿意志力，尝试着往上走，我就可以回来了。"

"我的意志力已经丧失,头脑也不管用了。"

"一切皆有可能。这个世界是公平的,只要你愿意鼓起你的勇气,付出你的努力,就能得到你所追求的东西。"

琼森苏醒后,眼前的一切发生了很大的改变。他看见耀眼的阳光正从窗口照进来,听到窗外的树枝上有鸟儿在叫,他的身体虽然虚弱,但充满了斗志。他想要感谢那个神采奕奕的自我,可是,他似乎隐藏起来了。琼森望着窗外的阳光,决心寻回光明的自我。也许他不知道,当他这个念头闪现时,光明的自我已经悄悄回到他的身体里了。

他抛开了过去的种种悲哀,决定重新开始生活。他走进以往常去的餐厅,和那些熟人打招呼;又找到以前的房主,在他那里租了个房间;接着,他回到以前的工厂,恳请老板让他继续在那里上班。在以后的时光里,他做起一切事情,都像过去刚起步时一样努力。

对于他的转变,朋友们都感到惊讶不已,起初都抱着怀疑的态度,但过了一段时间后,他们开始恭贺他重新找回了自己。他知道,那是他的光明自我在陪伴着他,也知道如果不懂得珍惜,那光明的自我随时会离他而去。因此,他变得更加善待生命。

他的后半生过得很幸福。他很骄傲地说,直到现在他都在往上爬,再也没有坠入生命的深谷。

Zhesixiaoyu

哲思小语

在生活的困境中我们往往都选择了畏缩和胆怯,并使自己陷入黑暗的泥潭,甚至坠入死亡的深渊。然而,生活本身是充满阳光的,而人都有着两面性,一面是阳光,一面是黑暗。只有懂得寻回光明的自我,鼓足勇气,挖掘自己的潜力,不断地去努力和奋斗,你的人生价值才可能得以实现。

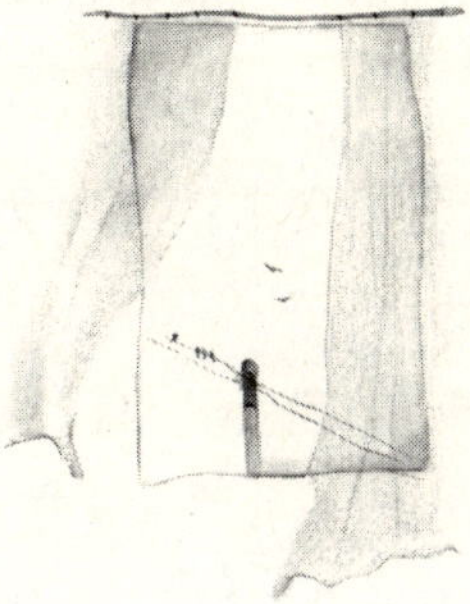

哲学家的启示

印度有一位著名的哲学家,他天生就具有一种文人气质,彬彬有礼,温文尔雅,令无数女子倾慕不已。尽管如此,他却一直没能找到他的意中人。因为他的思想实在太复杂,他考虑得实在太多,往往一件很简单的事情,经过他大脑的分析加工之后,会变成这个世界上最难以解决的问题。因此,他在碰到一件事情时,第一句话就是:“让我好好想想!”久而久之,他习惯成自然了,什么事情都要深思熟虑之后才作决定,他认为考虑得愈周到,就愈不会有什么纰漏。有一天,一个年轻貌美的女子来敲他的门,并真诚地对他说:“我已经仰慕你很久了,让我做你的妻子吧,如果我们擦肩而过,你就再也找不到像我这样深爱你的人了。”

哲学家看着女子,心中不禁为之倾倒:这个女子实在是太漂亮了。而且他能明显感觉到这个女子对他的倾慕,但口中却习惯性地说:“让我好好想想!”

女子失望地走了,哲学家便开始活动他的大脑了,用他思考学问的方法,认真地将结婚和不结婚的好、坏所在,分别列举出来,结果发现两方面均等,这真是让人难以作出选择。

就这样,无论他又找出了什么新的理由,都只是在增加选择的难度。于是,他陷入了无尽的苦恼之中,难以自拔。

终于在冥思苦想之后,他得出了结论——人若在面临选择而无法取舍的时候,应该选择自己尚未经历过的那一个。“不结婚是什么样我很清楚,我现在这个样子就是了;但结婚会是什么样的情形,我简直一无所知,我应该去了解这样的生活。对！我应该答应那个女人的请求。”哲学家长出了一口气，这样艰难复杂的问题终于被他成功地解决了，他觉得自己实在是太聪明了。

于是，哲学家信心十足地来到女人的家中，他问女人的父亲：“您的女儿呢？请您转告她，我考虑清楚了，我决定现在就娶她为妻！”

女人的父亲看了他一眼，冷冷地回答：“你晚来了十年，我女儿早已嫁人，并且已有三个孩子了！”

哲学家听后犹如五雷轰顶，整个人几乎崩溃了。他万万没有想到，令他引以为荣的哲学头脑分析出的道理，这次让他得到的竟是“悔恨”二字。他这才明白自己是多么愚蠢，亲手把自己心爱的女子推给了别人。是他一向引以自豪的睿智的大脑毁掉了他毕生的幸福，他平生第一次感到他的哲学原来一无是处。

在这之后的两年里，哲学家一直在悔恨交加中度过，渐渐地抑郁成疾。临死前，他将自己所有的著作投入火中，只留下一段对人生的批注：如果将人生一分为二，那么前半段的人生哲学是“不犹豫”，后半段的人生哲学是“不后悔”。

Zhesixiaoyu
哲思小语

当我们面对人生选择时，我们当然要慎重，但决不能顾虑太多，也不能奢求得到完美，因为，生活本身就不是完美的。只要面对选择时看清楚了是利大于弊的事你就完全可以去做，不要犹豫不决，否则，你可能会失去你一生中最好的机会，使自己懊悔一生。因此，要有永不后悔的气魄！这样的人生才充实，而且无愧。

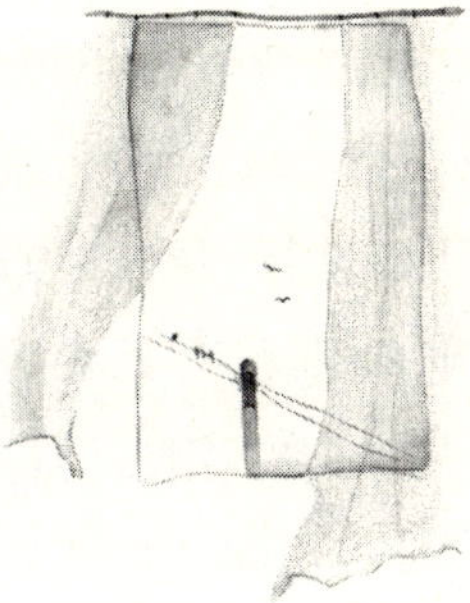

安坐人生的列车

在一列长途火车上,有一位旅客,他要在终点才下车。因为在车上无事可做,他百无聊赖地翻开随身携带的地图手册,细细数起这列火车将要经过的站名,想以此来打发时间。这一数让他大吃一惊,这列火车要经过的各种大大小小的车站居然有600多个!这位旅客觉得这样的旅程简直没有尽头,这趟列车好像永远也不会到达终点,他再也坐不下去了。他一会儿跑到窗边,趴在窗口不停地往外探视,看现在火车到了什么站;一会儿又不停地往列车员车厢里跑,想知道某某站什么时候才能到。到了晚上,同车厢的旅客都渐渐入睡时,只有他还往来穿梭,不知疲倦。最后旅客们不胜其烦,纷纷抱怨,要求列车员给这位旅客单独找个地方,别让他在眼前跑来跑去。

这位列车员是一个上了年纪的人,他头发花白,脸色红润,眼睛里有一种老人特有的洞察世情的睿智的光。他听到许多旅客的投诉后,便来到这位烦躁不安的旅客面前,微笑着说:"您好,先生,不知您能否到我的工作厢来一下?"这位旅客实在无处可去,便接受了列车员的邀请。于是,两人一前一后来到了休息室。看到列车员的工作厢,这位旅客吃了一惊:这里的空间实在太小了,仅仅能容下两个人。这位年轻的旅客不禁说道:"你怎么待在这么小的地方?"列车员笑了笑:"是很小啊,可是我已经在这里工作了30年。这30年来,我一直都是在这条铁路线上来回跑。"旅客实在是太吃惊了,问道:"这条线上有这么多的车站,不知道要到什么时候才能到达终点站。你每天都从这些地方经过,路上都是一样的景色,你不觉得单调吗?你不觉得厌烦吗?"列车员笑道:"我刚来这条线上跑的时候和你一样,觉得这样的日子实在是枯燥无聊，每一天都不知道怎么打发。后来时间长了，我从中悟出了一些道理来。其实也没什么好烦的，我从来不去数这些小站，也不去看到了什么站，我只记得始发站和终点站，只记得我总有一天会到达这条铁路线的终点，其他的我什么都不管，专心做好我的工作就行；我也不去想在火车上每天都要怎样度过，到达终点的一天总会到来，我没有必要为这些过程发愁。”停了一会，列车员接着说：“一棵参天大树，它不用去为每一片树叶操心，它只会努力地从土壤中吸取养分，努力生长，这样它自然会枝繁叶茂；一条大河，它不会为每一滴水而担忧，只要它奔腾向前，直到海洋，沿途自然会有很多很多的支流加进来。人也是一样，如果我们只知道今天担忧明天，明天惦记后天，那么在我们的等待和焦虑中，日子就一天天虚度了。我们只需要记住我们的目标，然后努力地奋斗，而不必去考虑未来要怎么过。日子总会慢慢过去的，只要我们不浪费光阴，每天都能积极地生活和进取，最后肯定能达到我们的目标。”

Zhesixiaoyu

哲思小语

生活是漫长的，我们在规划好人生的目标后，努力去追求就会实现目标。如果你还没有去尝试做时，首先就想到了困难，忧虑在这个过程中出现的问题，也就是我们常说的眼高手低，不去做，只会想，那一生就会永远停留在规划和设计当中。不用行动实现目标，最后只会是空虑一生。

生命中的五个球

假如生命是一场游戏，你可将它命名为工作、家庭、健康、朋友、灵魂五个球抛向空中。很快，你就会发现，工作是一个橡皮球。如果它从手中滑落，还会再弹回来。但其他四个球——家庭、健康、朋友和灵魂则是由玻璃制成的，任何一个球若从你的手中滑落，都会出现磨损、斑痕、裂纹，甚至是化为碎片，再也无法恢复完好。你必须明白这个道理，并在生活中努力地去做到平衡，不要让任何一个球轻易破碎。那么，如何才能寻求到这份平衡呢？

不要刻意地与他人相比而贬低你自身的价值。因为每个人都是互不相同的，也是别人无法替代的。

不要把别人的目标强加在自己的身上。只有你自己才知道什么对你是最重要的。

不要把事事都挂在心上。要像对待生活一样去对待它们，如果做不到这点，生活也就失去了本真的意义。

不要总是活在过去的记忆之中，也不要总是憧憬着理想的未来，这会使你的时间在不知不觉中溜走。你总要回归现实。

当事情还有回旋的余地时，不要轻言放弃。若不是你自己放手，就不会有真正的结束。

不要惧怕承认自己还有很多缺点。这种脆弱的思想会束缚着我们走向完美。

不要害怕去冒险。正是各种危险的际遇让我们学会勇敢。

不要因为还没有寻找到爱就不去爱。当你将爱付出时，也许很快就会收获到它；当你将爱握得太紧时，也许很快就会失去它；当你给爱一对翅膀时，也许偏偏它就会永远停留在你的身旁。

生活的脚步不要太匆忙，这样会使你忘记曾去过的地方，同样也会迷失在自己前行的路上。

Zhesixiaoyu

哲思小语

我们必须有一份满意的工作，这是我们获得物质资料的唯一途径；我们必须有一个美满的家庭，这是我们心灵的最后归依；我们必须有一个良好的健康，这将使我们游刃有余地面对一切；我们必须有一些真诚的朋友，这将使我们的精神不再空虚；我们必须有一个健全的灵魂，这将使我们维持独立的人格。这是我们生命中的五个球，缺一不可。

纵情地舞蹈

我们总是相信，等我们结了婚、有了孩子后生活就会变得美好。可当我们有了孩子后，又因为他们太过年幼而烦恼，于是便想着等他们长大些我们就会开心了。可当他们真的到了青少年时期，我们又因对孩子的管教而烦恼，于是便想着过了这个阶段幸福一定会到来的……

我们总是告诉自己，如果夫妻间和谐，如果拥有一辆更好的车，如果我们能度过一个完美的假期，如果我们退休了……我们的生活一定会幸福的。可事实却是：没有任何时候比现在这一刻更宝贵了，倘若不是现在，又会是何时？在人生的漫漫旅程中，我们时刻面临着挑战，所以我们最好接受现实，无论如何都要让自己保持快乐。

我很欣赏艾尔弗雷德·苏泽的一段名言。他说："长期以来，我都觉得真正的生活即将开始。可是生活之中总会遇到重重障碍，比如此刻要做的事、未来要做的事、要花费的时间、要偿还的账目……在这一切都过去之后，生活才会真正开始。可到了后来我才意识到，正是这重重的障碍构成了我的生活。”

这一观点让我明白，根本没有所谓通往幸福的路，幸福本身就是路。所以，珍惜现在你所拥有的每一刻，并且你应时刻牢记，时间不会为任何人而停留。所以不要活在等待之中——等到你完成学业再继续进修；等到你结婚、离婚；等到你有了孩子、孩子长大离开家；等到你开始工作、退休；等到你买了新车或是新家；等到春天来临……也许只有等到你有幸再活一世的时候才能明白——此时此刻才是最快乐的。

幸福是一段旅程，不是终点所在地。所以，以饱满的情绪投入到你的工作中吧，就像你根本不需要金钱；尽情去爱吧，就如同你从未被伤害过；纵情地舞蹈吧，就如同没有人注视着你。

Zhesixiaoyu

哲思小语

幸福在哪里？如果你一直期盼着以后得到幸福，那么你将永远得不到幸福。因为，真正的幸福就在你眼前。当你面对家庭的矛盾时，不要去想它带给你的烦恼，而要去体会有家的快乐，这就是幸福；当你面对事业的失败时，不要去想你付出的巨大代价，而要去总结和吸取失败带给你的经验和教训，这就是幸福。其实，我们时刻都能拥有幸福的生活，不要总是去眺望未来，要珍惜现在。

简单生活，简单快乐

生活是柴米油盐？生活是奔波劳碌？生活是为生存而战？不，不是这样的，如果你善于发现万事万物中的美好，那么生活很简单，得到快乐也很简单！

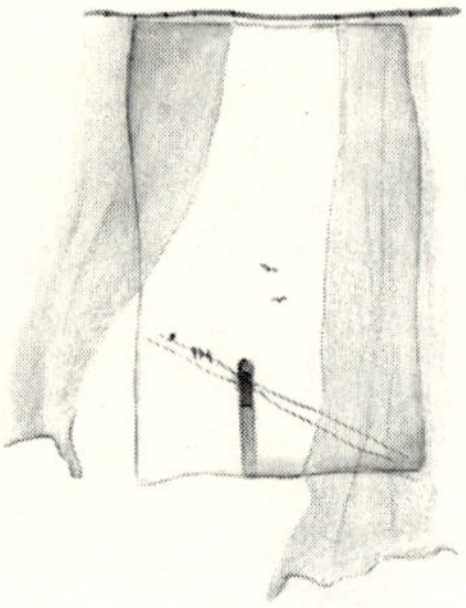

从好处着眼

古时候，有一位声名远扬的国王。他的王国不但幅员辽阔，而且人丁兴旺，人民安居乐业。人们都说这不仅是因为国王本人治国有方，还因为他有一个非常聪明的大臣。国王十分信任他这位充满智慧的大臣。这位大臣有一句广为流传的口头禅，那就是："很好，这件事是有好处的！"

一天，国王在自己的后花园舞剑时，一不小心割断了自己的小手指。当智慧大臣闻讯赶到宫里时，一群医师正忙着给国王包扎鲜血淋漓的左手，其余的大臣们则惊慌失措地垂手而立，噤若寒蝉。智慧大臣却神闲气定地笑着安慰国王说："很好，这件事是有好处的。"

国王的伤口正疼得厉害，一听这话，十分恼火。他厉声喝道："我都失去一根手指了，你还有心在此幸灾乐祸！"于是，国王当即下令，将智慧大臣关进了监牢。

几个月后，国王带着几位心腹大臣去森林里打猎。他们一路追鹿逐兔，玩得兴高采烈。后来，在他们前面不远处出现了一群漂亮的羚羊，于是，国王与众大臣争相驰逐，不知不觉间竟穿越了国界，闯进了森林深处食人族的领地。

食人族见他们一个个衣着光鲜，面色红润，认为是奉神的最好祭品。于是，便将他们全都活捉了起来，准备用来祭祀。在祭坛上，巫师突然发现国王少了一根小手指。根据食人族的规矩，以肢体不健全的人做祭品是会触怒众神的。于是，巫师慌忙跑到酋长身边，跟酋长耳语了几句。酋长顿时大怒，命人将国王赶了出去。而随国王出猎的几位大臣则无一幸免地被推上了食人族的祭坛。

死里逃生的国王回到王宫后，依然惊魂未定。这时，他想起了当初他被割断手指时，智慧大臣所说的话。细细思量，觉得颇有道理。于是，他连忙派人把智慧大臣从监牢里释放出来，并设宴为智慧大臣压惊。在宴席上，国王就智慧大臣这几个月所受的冤狱之苦一再向他致歉。

智慧大臣听了，不以为然，他一如既往地微微一笑，不紧不慢地对国王说："很好，这件事是有好处的。"

国王迷惑不解地问："当我少了小手指时，你说这是有好处的，我现在对此已经不再怀疑了。但是，我将你关进监牢，让你吃了很多苦头，难道这对你也有什么好处吗？"

智慧大臣笑着点头："当然有好处！国王，您想想看，如果当初我没有被关进监牢，就一定会陪您去打猎，那么，我是不是也会像那几位不幸的大臣一样，被推上食人族的祭坛呢？"

Zhesixiaoyu

哲思小语

世上所有的事都具有两面性，正所谓"祸兮福之所倚，福兮祸之所伏"，其中好与坏、善与恶、福与祸之间的区别，全在于我们的一念之间。不管我们遇到什么打击，处于什么不如人意的境地，只要凡事多想想其中好的方面，保持一种积极的处世态度，就可以绝处逢生，从而跨越生命的低潮。

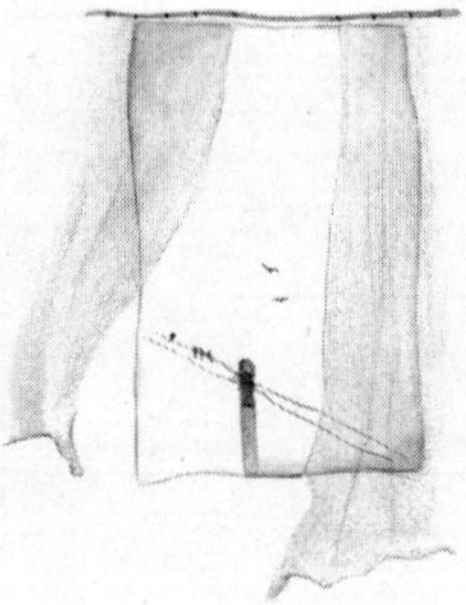

留住你的快乐

有一天，我去看望一个老朋友，他是一家知名企业的经理。走进他的办公室，首先映入眼帘的是两幅漫画。两幅画都画着一人在接金元宝，不同的是，一幅满脸都是笑，眉毛、眼睛、鼻子和嘴都向上翘，像弯弯的月牙，从上面往下掉的金元宝一个不落地都被接住了；另一幅则满脸都是气，眉毛、眼睛、鼻子、嘴都朝下，一撇一捺，像斗笠，从上面往下掉的金元宝都落在了地上，一个也没接住。我看了，忍不住笑了。

“你不是总问我有什么成功的秘诀吗？如果有的话，就应该在这两幅画中了。”朋友也笑着说。

“就这个？”我不免疑惑，回头再次看了看画，也没看出个所以然来。

“对，就是它们。”朋友看到我一脸的不解，补充说道，“每天我一走进办公室就会看到它们，我告诉自己，今天我选择快乐。每当我遇到困难时，我也会看着它们，它们会对我说：‘不管怎样，你都应选择快乐！’”

“可是，有些事情明明是很让人痛苦的，你怎么选择快乐？”我依然半信半疑。

“其实，事情本身是没有快乐和痛苦的，快乐和痛苦不过是我们对这件事情的感受。”见我还是没明白，朋友接着就给我讲了一个故事。

“那时，我刚刚进入这家公司，由于债务纠纷，公司举步维艰。我一天到晚忙得焦头烂额，可还是不见一点儿起色。一天傍晚，我一个人沿江边散步，走了没多远，忽然听到前面传来一阵歌声，那歌声实在是太快乐了，就像大热天里拂面而来的一股凉风，或者是沙漠里涌动的一汪清泉，又像夜晚天空中眨眼的星星，我从没听到过这么美妙的歌声，不禁停下脚步凝神倾听。渐渐地，我心中积郁已久的阴霾清除了，我甚至不由自主地快乐起来。

“这时，歌声停了，一个男子微笑着朝我走了过来。他的微笑是如此灿烂，使我感觉我第一眼看到的不是这个男子，而是他的笑容。我没有想到在城市里还能看到一个这样快乐的人，我以前所见到的全是被愁闷包围着的人。我想这个男子一定是受到了上帝的特别眷顾，从没受到过一点儿挫折，没有遇到过一点儿困难，所以才会有这样天使一般的笑容。

“我忍不住走过去跟男子打招呼：‘你好，先生！看得出来，你是一个天生乐观的人，你肯定有一个非常幸福的家庭，有许多和善的朋友，有一份不错的工作。’

“男子笑着摇了摇头，说道：‘恰恰相反，先生，我很穷，是一家小公司的职员，收入微薄，而且就在今天早上，公司倒闭了，我的工作也没了。’

“我很惊讶：‘既然这样，你为什么还能唱出这么快乐的歌儿，还能有这么快乐的心情？’

“男子笑着说：‘我为什么不唱歌呢？我为什么不快乐呢？我已经失去了工作，如果我连一个快乐的心情也没有，那我失去的不就更多了吗？’

“回来后，我就让人画了这两幅画。说来奇怪，从那以后，一切事情好像也顺利起来了。”

听了朋友的话，我又转身看了看墙上的那两幅画，沉思良久。

Zhesixiaoyu

哲思小语

如果你为失去太阳而哭泣，那么你也会失去群星；如果你为不如意的事情而沮丧，那么，你也会丢掉快乐，失去的将会更多。因此，我们应该经常保持轻松愉快的心情，坦然地面对困难与挫折。只有这样，我们才会拥有足够的自信，才会发现新的机会。

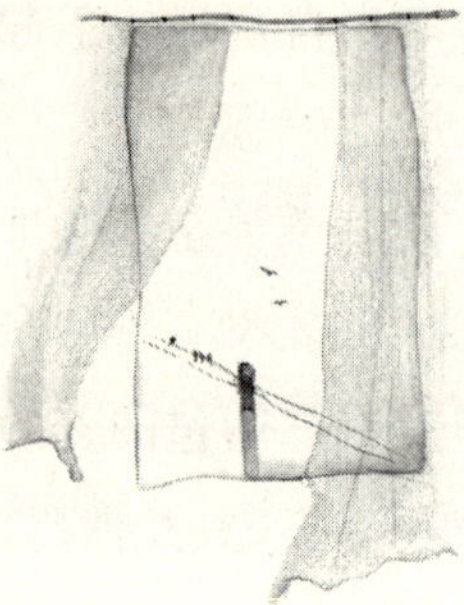

昂起你的头

十五个月大的时候，我还是一个对周遭事物全然不知的小孩子……直到有一天，我不小心跌倒了。那一跤跌得很厉害——我跌在一个玻璃兔上。当时，我的一只眼睛被割伤了，而且那只眼睛从此再也看不见任何东西了。为了保住我的另一只眼睛，医生把我的眼球与被割处缝合在一起，结果，我的那只眼球中间留下了一道奇丑无比的疤痕。那次尝试以失败告终，但是母亲却想尽一切办法找到了另一位医生。那位医生说，如果把我的眼睛整个摘除，那么我的脸就会随着成长而扭曲变形，因此，我那只带着疤痕、无法看到事物、混浊的、灰白色的眼睛就被留了下来。随着我的不断成长，那只失明的眼睛一直让我无法释怀，它已经影响到我的整个生活。

走路时，我从不敢抬头，这样人们就不会看到丑陋的我。有时，一些人，甚至是陌生人，总会问我一些让我觉得尴尬的问题，其中不乏恶言中伤者。在和孩子们一起玩游戏的时候，我总是充当“怪物”这个角色。在成长过程中，我始终认为每个人在看我的时候，眼神中都有着一种轻蔑，好像这种模样是我的过错似的。我总觉得自己像个怪物。

然而，母亲一有机会就会对我说：“昂起你的头，勇敢地去面对这个世界。”这句话成为我一直以来赖以生存的动力。在我很小的时候，母亲就用这句话来鼓励我。她会把我抱在怀里，抚摸着我的头对我说：“如果你能昂起头做人，一切都会好起来的，人们会看到你美丽的心灵。”每次我想将自己封闭起来的时候，母亲就会用这些话鼓励我。

在我成长的岁月里，母亲的话对我有着不同的意义。当我还是一个小孩子的时候，我以为母亲是在对我说："小心一点儿，如果你不抬头看路的话，就会摔倒，或是撞在什么东西上。"当我成长为一个少年的时候，即便我仍想低下头把自己隐藏起来，还是渐渐发现，当我昂起头，让人们真正认识我的时候，他们也会喜欢我。母亲的话开始让我意识到，如果人们只看到我的脸，而看不到我内在的智慧和美丽，那么我可以让他们意识到这一点。

上中学时，无论是在学习上还是在社交上，我都很成功，甚至还被选为班长，但在我的内心深处，仍然觉得自己像个怪物。我真正期望的，是能够使自己看起来和别人一样。当事情变得很糟的时候，我总会哭着找母亲，她会用那双充满爱的眼睛告诉我："昂起你的头，勇敢地去面对这个世界，让他们看到你的内在美。"

当我遇到我生命中的另一半时，我们彼此深情地对望。他告诉我，无论是外表还是内心，我都是美丽的。我知道他说的是真心话。母亲给我的爱和鼓励是我战胜自卑、重拾自信的动力。现在，我已经学会了如何面对逆境、如何解决眼前的困难，而且还学会了如何欣赏自己，更重要的是拥有一颗怜悯他人的心。

"昂起你的头"已经成为我家最常说的一句话。我的孩子们都把它当做一种鼓励。母亲给我留下的珍贵"礼物"将会在下一代人身上永远地传承下去。

Zhesixiaoyu

哲思小语

人的一生难免会遇到坎坷，每当此时，人会本能地选择逃避，但逃避不仅无济于事，还会让我们变得越来越怯懦，从而感到人生的路越走越艰难。其实，困难是欺软怕硬的，如果你能勇敢地正视并反抗它，那么你就一定会战胜它。事实上，一个人战胜困难的过程，就是战胜自我的过程，假若你的心是强大而自信的，你的行动就会跟随你的思想，变得更加从容而镇定。

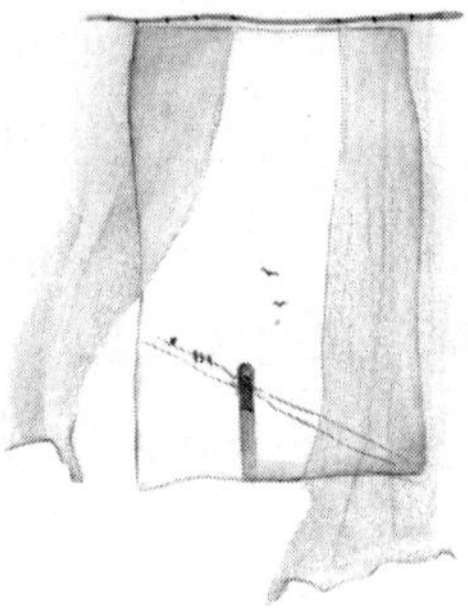

笑对生活

一位父亲带着他的两个孩子，来到撒哈拉大沙漠旅行。一个孩子很不高兴，并不停地抱怨："这里除了沙子什么都没有，没有树木，没有花草，连水都没有，有什么好看的！"另一个孩子却很高兴，他欣喜地赞叹道："这么多的沙子啊！里面肯定藏有很多好东西，说不定这沙子里还有黄金呢！想想看，这么大的沙漠该有多少黄金啊！"

有两个小女孩，她们在公园里游玩时，看到了许多红玫瑰和白玫瑰，这些花儿在风中摇摇摆摆地向她们点头。一个小女孩说："这花挺漂亮的，可惜长了许多的刺。"另一个小女孩却说："这刺上居然开了这么多漂亮的花，真让人高兴啊！"

许多年以后，那个在沙漠里只看到满眼沙子的男孩因为穷困而死去了，而他的兄弟——那个在沙漠里看到许多黄金的男孩，经过多年的努力，已经成为了一个富人；那个在花园里叹息花上长刺的女孩因为愁闷而过早地去世了，而那个惊叹刺上长花的女孩虽然仍然贫困，但她却生活得很快乐，很幸福。

Zhesixiaoyu
哲思小语

世界上的事物都具有两面性，对同一种事物，可能产生两种截然不同的看法。如果你善于发现缺陷中的美好，态度积极，乐观向上，那么你的世界将充满阳光。相反，如果你总是悲观地面对一切，不停地抱怨你的坎坷与不幸，那么你将永远无法享受到成功带给你的快乐。总之，生活的好与坏，关键在于你的态度。

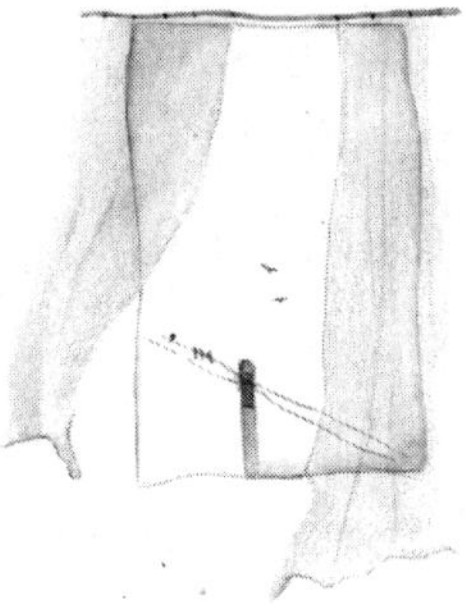

史密斯的咖啡壶

在里兰老街上，有一个叫史密斯的老铁匠，他在这里已经生活了数十年，在这个不大的城市里也算得上是家喻户晓的人物。他开了一个铁匠铺，打了一辈子铁。后来，因为年纪渐渐大了，他已经抡不动大铁锤了，便转行开了个铁器店，专卖铁锅、斧头和拴小狗的链子等杂货。

史密斯保持着非常传统的经营方式：他自己端把椅子坐在门口，货物在门外一字排开。他也不像别的商贩那样大声吆喝以吸引别人的注意，有人来买东西时他也不和顾客讨价还价，不过一般来讲，他的价钱还算公道。而且他的小店二十四小时营业，从不关门。所以，无论你何时路过这儿，都可以看到他捧着一台小收音机，悠闲地躺在竹椅上，闭着眼睛听歌剧。在他的身边，放着一把咖啡壶，从这壶的模样来看，不比老史密斯年纪小。

史密斯每日的收入并不丰厚，因为他没有儿女，这些钱也勉强能维持他的温饱和喝咖啡的费用。不过，他年纪大了，看上去已不再需要多余的东西，而且他也很知足，人们从没看到他为生活发愁，常年一副陶醉的样子。

一天，一位古董商从这儿路过，不经意地看到了史密斯身边的咖啡壶，便顺手拿过来端详起来。只见它紫黑如墨，古朴雅致，似出自制壶大师之手。当他看到壶嘴处的印章时，更是惊喜不已——这正是制壶大师杨格的作品。杨格在世界上素有“捏泥成金”的美誉，据说，他现存的作品只有三件：一件在美国纽约州立博物馆里，一件在英国博物馆里，另外一件，在泰裔美侨的手里。

古董商决定花 10 万美元把咖啡壶买下来。史密斯听到他的报价，先是惊讶，但马上又拒绝了。这把咖啡壶是他的祖父留下来的，他们祖孙三代在打铁时喝的可都是这壶里的咖啡，这把壶和他们的血汗息息相关。

古董商遗憾地走了。咖啡壶虽没卖，但那天晚上，史密斯有生以来第一次失眠了。他一直以为这是一把普普通通的咖啡壶，用了将近六十年，现在居然有人要出高价来购买它，这让他觉得有点儿不可思议。

以前，史密斯躺在竹椅上，总是微闭着眼睛，把咖啡壶放在身边的小桌子上；现在他常常会不由自主地坐起来看上几眼，这让他感觉很不安。更让他感到头痛的是，人们得知他有一把珍贵的咖啡壶后，纷纷过来询问，有的问他还有没有其他的收藏；有的甚至开口向他借钱；更有甚者竟然在晚上推他的门……史密斯平静的生活被彻底破坏了。他抚摩着那把咖啡壶，真的不知怎样处置它才好。

当那位古董商带着 20 万美元再次登门的时候，史密斯再也不能容忍了。他招来了附近店铺的人和前后的邻居，然后当众把那把咖啡壶砸成了碎片。

如今，史密斯还在开着他的铁器店，还在卖着铁锅、斧头和拴小狗的铁链子，还在过着无忧无虑的生活。今年他已经 102 岁了。

Zhesixiaoyu

哲思小语

真正懂得享受生活的人，他知道什么是幸福，知道金钱不是唯一能给他带来幸福的东西。然而那些追求金钱的人却把这些看做一生唯一的财富。正如那些在沙漠里奔走的人，对于他们来说，只需要得到一杯水就足够了，哪怕给他们千两黄金也只能成为他们旅途中沉重的负担。

薯片的启示

现在全世界各大超市里都有一种叫“薯片”的休闲食品出售,它的口味独特,老少咸宜,吸引了大量的消费者。但是你可能不知道,这种薄薄的食品其实是一个名叫乔治的厨师无意中发明的,这里面还有一个有趣的小故事。

当时乔治是在纽约郊外的一个名叫卡瑞月的度假村工作,这个度假村环境幽雅,空气清新,依山傍水,还有完善的休闲娱乐设施。很多有钱人都喜欢到这里度周末,享受一下难得的轻松。

一天,正当乔治像往常一样忙碌时,一个服务生端着盘薯片,走进来告诉他,有位客人抱怨他做的“油炸马铃薯”切片太厚,要求切薄点儿。

乔治觉得挺奇怪,他看了看那薯片,觉得跟他以前做的没有什么区别,而且在此之前他从没听到过有客人对他提出类似的批评。但是乔治没有说什么,他受到的职业教育要求他尽可能满足顾客的一切需求。他从服务生手中接过薯片,把它们切得薄了些,再放到油锅里重新炸了炸,然后捞出来让服务生给那位客人送去。

不一会儿，服务生又回来了，手里仍然端着盛薯片的盘子，他生气地对乔治说："我想那位客人一定是遇到了什么不愉快的事情，跑到这里来挑三拣四，来拿我们出气。他向我抱怨了一通，说薯片仍然太厚，要求把薯片切得再薄些。"

乔治也很生气，他已经忙了一天了，被油烟熏得头昏脑涨，这位客人却还如此挑剔。他忍住了气没有发作，冷静一下之后，他拿起薯片，小心翼翼地把它们切得很薄很薄，然后放到油锅里把它们炸得金黄，一股油炸的香气扑面而来，让人不禁口角生津；因为切得很薄，薯片的边缘微微卷曲，样子很好看。把薯片装盘之后，乔治再往上面洒一点儿盐和胡椒粉，然后让服务生再送去。

过了一会儿，服务生跑进来了，手里的盘子空空如也。他高兴地告诉乔治："那位客人非常满意，说这是他吃过的最好吃的薯片。其他桌的客人都闻到了薯片的香气，都想让你照样给他们来一份。"乔治大受鼓舞，他急忙动手，精心地做出了十几份同样的薯片，亲自送到顾客们的餐桌上。客人们第一次吃到如此香甜薄脆的薯片，纷纷对乔治竖起了大拇指。

这薄薄的薯片从此成为乔治的金字招牌，许多人慕名而来，只为了亲口尝尝乔治炸出来的薯片。慢慢地，这种食品的名声传扬开来，而且，经过乔治的改进，薯片有了各种各样的味道，满足了各种人的口味需求。直到今天，它已经成为了全世界人们都喜爱的食品。

Zhesixiaoyu

哲思小语

别人提出的意见，我们应静下心来认真思考，不要轻易地把它看成是一种责备，因为我们完全可能在别人的意见中看到自己不足的一面，并取得我们以前无法得到的收获。只有这样，我们才能有机会从他人的批评中寻找到进步的方向，我们才能获得更多成功的机会。

随遇而安

在一座山上有个小小的寺庙，庙里只有老、少两个和尚。一年夏天，天气特别炎热，因为缺少水分，院子里的许多草都枯萎了，草地上一片枯黄。

小和尚急了，再这样下去这块草地就要变成荒地了。他急急忙忙找到老和尚，说："师父，快撒点儿草子儿吧，草地都枯萎了！"

师父见小和尚挺热心，脸上流露出赞赏的神色，对小和尚说："好吧，等天凉一凉再说。随时吧。"小和尚见师父慢悠悠的，一副无所谓的样子，他在一旁急得直跺脚。眼见草地一天天变得枯黄，他却无计可施。

这样过了一个多月，中秋节到了，师父终于买了一包草子儿，让小和尚去种。

这时已经入秋，天气变得凉爽了，不时有凉风吹来。在秋风的吹拂下，小和尚发现草子儿随风起舞，有许多都被吹得无影无踪。小和尚一看，心想这样草子儿不是白撒了吗？他急得喊了起来："师父，不好了！许多草子儿都被风吹走了！"

师父说："嗯，不要紧，吹走的多半是空的；就算是实心的也没关系，在别的地方一样能发芽。随性吧。"

还好秋风不大，总算留下了不少草子儿。这天，一群麻雀飞来了，落在草地上，挺着尖尖的嘴到处吃草子儿。小和尚赶也赶不走。麻雀太多，他一个人忙不过来，于是又跑去喊师父："师父，不好了！许多草子儿都被麻雀吃了。这可怎么办呢？"

师父摆了摆手，毫不在意地说："别着急，反正草子儿多的是，吃也吃不完，出家人有好生之德，喂喂麻雀也是应该的。随遇吧。"小和尚不听，拿着竹竿赶麻雀，但是收效甚微。师父也不管他。好在麻雀也不赶尽杀绝，吃了一阵就飞走了。小和尚这才松了口气。

一天夜里下了一阵大雨。清晨，小和尚到院子里一看，草地被雨水冲得坑坑洼洼，在前几次灾害中幸免于难的草子儿也都被雨水冲走了。小和尚急得直跺脚，对师父说："师父，不好了！草子儿都被雨水冲走了！这下可全完了！"

师父见小和尚心急火燎的样子，心平气和地说："没关系，被雨水冲到哪儿，哪儿就会发芽。随缘吧。"

几天过去了，枯黄的草地长出了一片青翠的绿苗，一些原来光秃秃的地方也长出了嫩芽。小和尚这才知道，许多草子儿早已被埋进土里了。

小和尚高兴得直拍手："太好了，太好了！"

师父笑着说："随喜，随喜！"

Zhesixiaoyu

哲思小语

我们在遇到一些不顺心的事情时，不要马上就心浮气躁，而应该沉住气，以一种平和的心态对待它们，耐心地等待情况好转的时机。要知道，有时候烦恼就像天上的乌云，虽然偶尔遮住了太阳，但是终将被大风吹走，我们一定能得到期待的阳光。

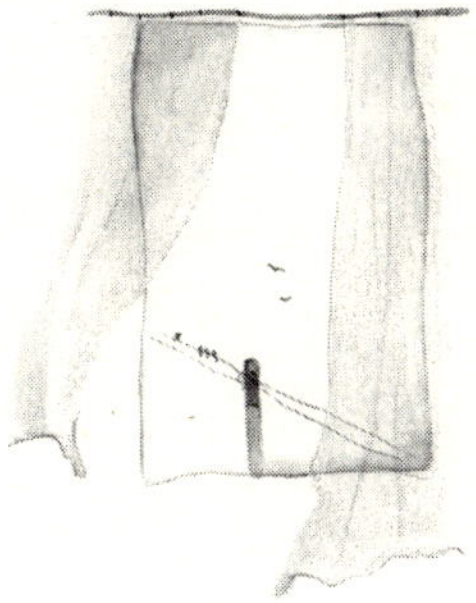

生活的机会

也许是上帝的安排吧！在我们觅到真正的伴侣之前，总会遇到一些不相干的人，似乎只有这样，我们才能对上帝赐予的礼物充满感激之情。

一扇幸福之门关闭时，必有另外一扇门为你敞开。但通常，我们只能看见关闭的门，却看不到正在为我们开启的门。

也许，你最好的朋友就是那些可以陪伴你坐在门廊下，看着过往行人的人。你们不必说些什么，但当他离开时，你却觉得刚刚与他经过了一番畅谈。

不容置疑的是，人们往往在失去后才会懂得珍惜。同样，在得到一件东西之前，人们时常不会把它放在心上。

当你将爱付出时，不要只图回报，要耐心地等待这份爱在你所爱之人的心中慢慢成长。即使不是这样，也要为正在你内心成长的爱而感到满足。是的，结识一个人需要一分钟的时间，了解一个人需要一小时的时间，爱上一个人需要一天的时间，然而想要忘记一个人却需要一生的时间。

不要追求华丽的外表，因为它常常带有欺骗性；不要追求荣华富贵，因为它终会消失。寻找那个可以让你微笑的人吧！因为只有微笑才能让黑暗的日子重现光明。去寻找这样一个人吧，他可以让你由衷地微笑。

生活中，总会有这样的时刻：我们希望能够把思念的人儿从梦中带出来，实实在在地拥在怀里。

去寻找自己的梦吧，去你想要去的地方吧，做自己想做的人吧！因为生命只有一次，机会也只有一个，抓住机遇，去做你想做的一切吧！

愿你在无穷的欢乐中，变得更加可爱；愿你在无数的考验中，变得更加坚强；愿你在无尽的悲伤中，变得更加富有同情心；愿你在无限的希望中，变得更加幸福。

要学会换位思考。如果你觉得哪件事会让你受到伤害，那么这件事很可能也会让他人受到伤害。

最幸福的人并不是那些拥有世间最美好事物的人，而是能够用自己的方式把事情做到最好的人。

幸福总是青睐于那些容易哭泣的人、受过伤害的人、热衷于探索的人，以及那些勇于尝试的人，只有他们才会懂得影响自己生活的人有多么重要。爱要从微笑开始，在亲吻中成长，再以泪水结束。美好的未来往往建立在对过去的忘却之上，只有让以往的失败和悲叹都逝去，你才能过得更好。

当你来到这个世界的时候，你在哭泣，而周围的人却在微笑。请珍视生活吧，只有这样，当你离开这个世界的时候，别人在哭泣，而你却可以微笑。

请把这些言语赠予那些你所关心的人、涉及到你生活的人、当你需要之时可以为你带来微笑的人、在你沮丧之时仍能让你看见光明的人，以及你所珍视的人。即使你没有这样做，也不必担心，不会有什么事情发生，只不过你错过了一次用这些言语照亮他人生活的机会。

Zhesixiaoyu

哲思小语

当你想拥有幸福时，首先应该拥有快乐，因为快乐是幸福的源泉。在我们的一生中，会遇到各种让你喜欢或不喜欢的人，各种让你快乐或不快乐的事。如果你能够以平和的心态去对待这一切，记住那些让你不快的人身上的优点，记住那些从不幸的事情中得到的教训，那么你所经历的一切，都是人生阅历的丰厚积累，你的心会变得豁达，生活也会变得美好。

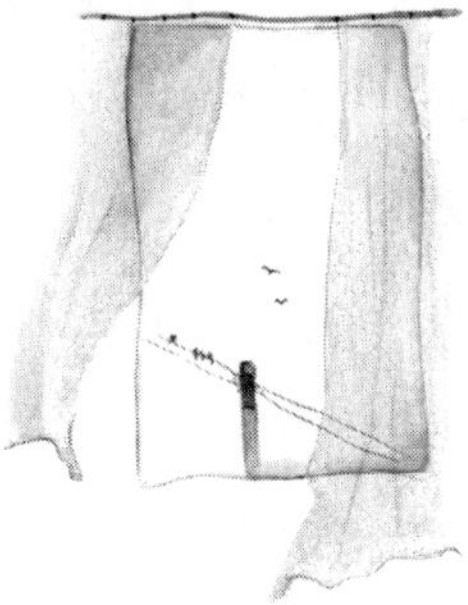

父亲的生活侧记

我的父亲温斯顿·丘吉尔，在四十多岁时开始迷恋绘画，可当时的社会环境异常恶劣。那是在1915年，父亲被任命为海军大臣。当时，他正积极投身于达达尼尔海峡的战役中。发动这场战役本是为了缩短那场血雨腥风的世界大战，但由于惨遭失败，许多原本鲜活的生命白白葬送在那片土地上，父亲也因此付出了沉重的代价——他被调离了海军部。

经历了这场磨难——“我以为他会因过度悲痛而失去生命”，母亲克莱门廷说过——他带着一家人来到萨利郡的一个小山村。后来，父亲忆起当年的往事时说：“是绘画时的冥思拯救了我！”

一天，他在花园里散步时，偶然间看到弟媳正在画水彩画。他在一旁看了一会儿，觉得很有趣，于是借来画笔试着画起来。一时间，他仿佛着了迷一样。

之后，父亲决定试画油画。看到他从忧郁的情绪中解脱出来，母亲非常开心，她赶忙买来了各种各样的颜料。

然而，对于父亲而言，迈出下一步并非易事。当他看到新画布是那样洁白无瑕时，总会感到无所适从，不知该从哪儿下笔。他从天空画起。后来他曾描述过自己如何小心谨慎地在调色板上加入少许蓝色颜料，然后又万分小心地在画布上画下豌豆大小的一笔。就在这时，外面传来一阵马达声。约翰·拉威利夫人从车上缓步走了下来。

“在画画呀！”她高声说道，“可你在犹豫什么呢？把笔给我——那支头号的。”话音刚落，只见松油飞溅，她把蓝白颜料挤在调色板上，用力地搅了搅，接着便在“吓得有些退缩”了的画布上大显身手。

当时，约翰·拉威利是父亲的邻居，也是一位有名的画家——正在教父亲画画。后来，当拉威利提起父亲——这个特殊的学生时说道：“倘若他选择的是绘画而不是从政，那他一定会成为一位绘画大师。”

在绘画的那些日子里，父亲找到了他的知己，正是它陪伴父亲度过了余生的大半时光。战后，在1921年，母亲去世两个月后，父亲又失去了他深爱着的三岁的女儿玛丽戈尔德。此时，是绘画给了他一些心灵上的慰藉。在痛苦的打击下，父亲来到苏格兰的朋友家，想求得安慰，其间他一直用绘画来使自己解脱。在给天堂中的母亲写的一封信中，父亲这样写道：“我在大自然中画了一条夕阳映照下的美丽溪流，在它的后面，是晚霞映衬下的金灿灿的群山。唉，但玛丽戈尔德给我留下的痛苦总是挥之不去。”

史学家们把1929年后的十年，也就是保守党政府垮台、父亲下台的时间，称之为他的“荒凉岁月”。政治上，他一直在举步维艰的处境中徘徊，仿佛一个孤独的勇士在努力唤起受到希特勒威胁的英国人；但在艺术创作上，在那荒凉的岁月中，他却是硕果累累。其间，他经常在法国南部作画。在现存的他所作的五百多张油画中，大约有250张是1930年至1939年的作品。

绘画给父亲带来的乐趣一直陪伴他到人生尽头。他曾在他所著的《画中的消遣》一书里说道：“画家其乐融融，因为他们不会孤独。光与色，和平与希望，将会始终伴随着他们。”我的父亲就是这样一个人。

Zhesixiaoyu

哲思小语

从峰顶跌入峰谷，处在人生的悲凉之境，却能平静地拿起画笔，充满激情地涂抹人生的美景，这或许就是伟人的伟大之处；而我们时常会在遇到坎坷和挫折时，感到莫大的失落，总纠缠于生活的琐碎，在失意和悲痛中消磨心志，最终岁月蹉跎，徒留伤悲。一个有着积极态度的人，无论处在怎样的逆境，只要不放弃追求，无论从事什么都一定能获得成功和幸福。

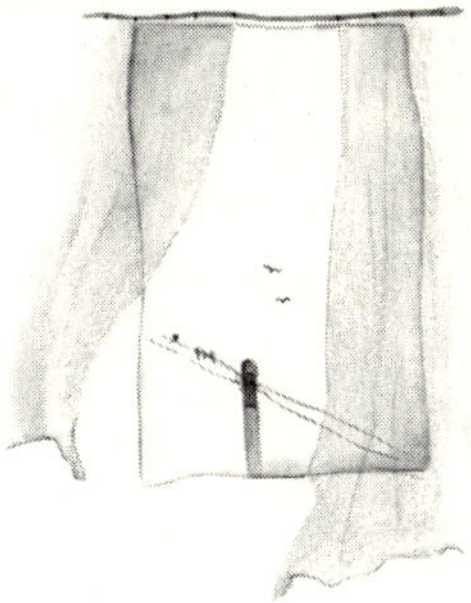

生命的过客

当他告诉我他要离开的时候，我感到自己就如碎裂的花瓶，跌落在褐色的瓷砖地板上。他一直说着，告诉我他为何要离开，说这是最好的选择，我可以做得更好，是他的错而不是我的错。虽然这样的话我已听过多次，但却仍旧无法承受。或许在如此沉重的打击之下，无人能无动于衷。

他走了，我试着继续我的生活。我灌满水，打算把它烧开，又拿出古老的红色杯子，看着咖啡末一点一点地滑入半透明的瓷杯中。那真是我生活的鲜明写照啊——不断落下的咖啡末。不知何故，我从来没有冲成一杯真正的咖啡。

水开了，我假装没听到水壶发出的警报声，我也很难理解我的所为。就如同迈克的离去，突如其来，无法挽回。我宁愿徘徊在不确定之中，也不愿事情就这么结束了。想着想着，我开始嘲笑自己，只是因为一杯咖啡，我就变得如此多愁善感，我一定是老了吧。

镜子中正盯着我看的那个女子仍然那么年轻，明眸皓齿，充满了美好的前途与希望，美好的明天正等待着她。无所谓，反正我从未爱过迈克。更何况，生命之中还有比爱更重要的事情等着我。我坚定地对自己说。我将咖啡罐的盖子盖好，也将有关迈克的记忆一同尘封起来。

那晚，他并没有像我所担心的那样出现在我的梦境中。梦中，我飞过田野和森林，俯瞰着下面的一切。突然间，我掉了下来。就在半梦半醒之间，我发现自己已被猎人打中了，但将我击落的并不是他的子弹，而是他的灵魂。后来，我才渐渐意识到，迈克就是那个将我击落的猎人，而我则是渴望高飞

的鸟儿。第二天晚上，我竟然做了与前晚类似的梦，但却没有了猎人。我一直在天空中自由地飞翔，直到遇上另外一只小鸟与我比翼双飞。我开始意识到，总有那么一只鸟，或是一个人在前面等着我。也许不是爱人，只是朋友，但他一定是我灵魂的友伴。我曾想过自己是裂为碎片的花瓶，但现在，我已将它重新修复，迈克不过是我生命中的一个过客，他仅仅了解我的一部分。可以说，他只是我身上的一个小小的碎片而已。

Zhesixiaoyu
哲思小语

"天下没有不散的宴席"，这句话我们都明白，然而，当离别真正来临的时候，我们依然痛苦万分。曾经的甜蜜已化为苦涩的回忆，可我们还是忍不住一遍一遍地回味。这是人之常情，但理智告诉我们，这样沉迷于痛苦之中，只会伤害自己。要知道，即使再亲密的人，也不过是生命中的过客，相携相伴是为了快乐，而不是为了承受折磨。

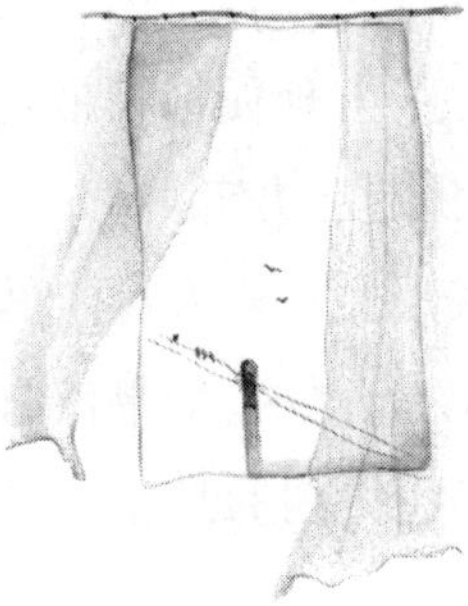

一切都会好起来

“一切都会好起来的。”每当我遇到挫折时，母亲总会这样劝慰我，“只要你坚持下去，总有一天，一切都会好起来的。到那时，你就会发现，如果没有那时的挫折就不会有今天的一切。”

母亲是对的，而这一切是我 1932 年大学毕业后才深深体会到的。那时，我决定到电台找份工作，然后争取做体育节目的播音员。于是我便搭了便车来到芝加哥。我不断地敲开电台的大门，但却一次又一次地被拒绝了。

一天，在一个播音室里，一位好心的女士告诉我说：“大的广播电台是不会冒险雇佣一个毫无经验的新手的。去乡下碰碰运气吧。”

于是，我听从了她的劝告，回到了我的家乡——伊利诺伊州的迪克森。当时，我的家乡还没有电台播音员这样的工作。父亲对我说，蒙哥马利·沃德开了一家新商店，想请一个本地当过运动员的人来管理体育用品部。我中学时曾在迪克森打过橄榄球，于是我便去申请了这份工作。本来觉得这个工作挺适合我的，但没想到我却没有被聘用。

我沮丧的心情一定是被母亲看出来了，因为她又一次劝慰我说：“一切都会好起来的。”父亲也给我买了一辆汽车，以便我找起工作来更方便些。不久，我又去爱达荷州达文波特的 WOC 电台求职。那里的电台节目总监是一个很棒的苏格兰人，名叫彼得·麦克阿瑟，他遗憾地告诉我说，他们已经聘请到播音员了。

从他办公室离开的时候，我的挫败感已经达到了极点。我对自己大声地喊道:“无法在电台找到工作,又怎能成为体育节目的主持人呢!”

在等电梯的时候,我听到麦克阿瑟喊道:“你刚才说什么体育?你懂橄榄球吗?”我把自己从前打过橄榄球的经历讲给他听。于是,他便把我带到了播音室,让我对着麦克风解说一场球赛,解说内容由我自己决定。

在回家的路上(自那以后我经常往返于这条路),我反复思索着母亲的那句话:“如果你坚持下去,总有一天,一切都会好起来的。”是啊,如果没有以前的挫折,就不会有现在的一切。我常想,如果当年我得到的是蒙哥马利·沃德的那份工作,我的人生之路又会是怎样的呢?

Zhesixiaoyu

哲思小语

当我们满怀希望地寻找机会时,它总是逃之夭夭;而当我们彷徨于绝境时,它又会悄然而至。正如裴多菲所说的:“绝望如同希望一样,是骗人的。”因此,当我们失去某个机会时,不必为此而懊恼,也许这次机会的失去,不过是为了让位于更好的机会。

慧心观世界

客观的条件不可能一成不变，偶尔的幸运也不能作为长久的依靠。只有我们用智慧之心仔细体察这个众生世界，那么成功才不难触碰，生活也可以变得如此多彩！

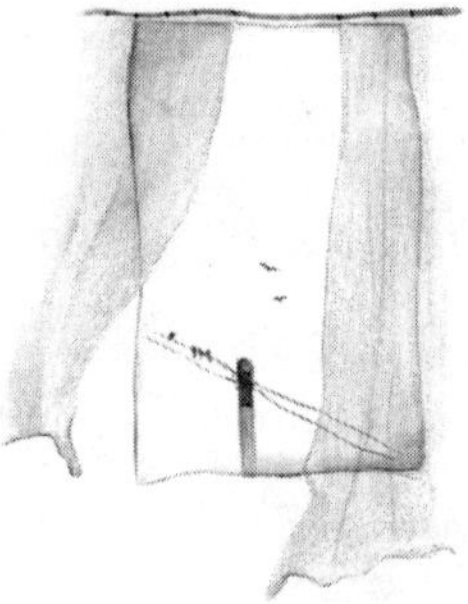

以书为伴

读书的过程就如与无数人交谈一样。

看一个人交了什么样的朋友，就能看出他的为人。同样，看一个人读些什么书，也能了解他的为人。这只因书与人一样，都可以成为人的朋友，而我们总要作出最佳选择，无论是书还是人。

好书如好友，过去如此，现在仍旧如此，从未改变过。书是我们最沉静，也是最快乐的伙伴。当我们遭受到不幸或是痛苦时，它们从不会弃我们于不顾，而是对我们始终如一。我们年轻时，书本给予我们欢乐和教导；我们年迈时，又给予我们慰藉和鼓励。

人们常常因同时爱上一本书而找到彼此的知己。这与有时两个人会因为同时仰慕另外一人而结为友伴是一个道理。古谚说“爱屋及乌”，而“爱其人，也要爱其珍爱之书”这句话里却含有更多的哲理。书是更忠诚、更高尚的情感纽带。人们可以通过喜爱同一个作者而彼此息息相通。他们的思想同作者的思想相交融，从而使自己的思想与作者的思想紧密相连。

哈兹利特曾说过：“书如清风，渗透到我们的心灵间；字里行间的词句总会融入到我们的血液之中。青年时我们所读的书，年老时仍旧会想起。恍如一切就发生在眼前。书籍价廉物美，我们可以在书香中呼吸。”

一本好书往往是作者的人生结晶，包含着作者一生的思想精华。这是因为人的一生，在很大程度上都是靠自己的思想而生存着的。因此，好书就是金玉良言的总汇，是作者思想的宝藏。若能将这些思想铭记于心，它们就会成为我们永久的朋友和永恒的心灵慰藉。菲利普·悉尼爵士说过:“与高尚思想为伴的人永不寂寞。”

当我们面临诱惑的时候,纯真的思想会如仁慈的天使一样,净化并守护着我们的灵魂,从而促使善行萌芽。因为金玉良言总会使我们做出善行。

书籍具有不朽的本质,是人类通过勤奋努力得来的最长久的产物。庙宇会坍塌,雕像会腐朽,书籍却会永存。伟大的思想不会因时间的流逝而磨灭它本来的光辉,正如千百年前作者脑海中的思想一样,历久弥新。他们的言论和思想如今仍被印在书本上,鲜明而有力地展现在我们面前。时间的作用就是除去文学作品中的糟粕,因为只有真正的佳作才会流芳百世。

书籍引导我们与优秀的人为伍,把我们带到伟人面前,如闻其声、如观其行、如见其人,从而同他们的情感相交融,悲喜与共。他们的感受成为我们的人生体验,而我们又仿佛是在作者描绘的人生舞台上与他们同台演出。

伟大的思想与美好的思想永远不会在这个世界上消失。它们会被载入史册,名扬四海。书是人们至今仍在聆听的智慧之声。我们永远都会受到伟大思想的熏陶。与千百年前一样,英才们的智慧,仍显示着其鲜活的生命力。

Zhesixiaoyu
哲思小语

以书为友,以书为伴,是前人和智者倾其一生,通过亲身感受而得出的结论。当我们被一本书打动时,我们好像与作品中的主人公心灵相通。我们在生活中无法经历和感知的一切,都可以通过阅读来感受和完成。书让我们充满智慧,书让我们思想活跃,所以,书是我们每个人都不能抛弃的伴侣。

学会珍惜

无论你是否已做好心理准备，终有一天，一切都将结束。到那时，不会再有太阳、岁月、小时或分钟。你所拥有的一切，无论是被你珍惜的，还是被你遗忘的，都将为他人所有。

到时，无论是你曾经拥有的，还是你现在拥有的财富、名望，以及种种权力，都会变成与你毫不相干的事情。

你曾经的遗憾、怨恨、挫败感和嫉妒都将化为乌有。当然，你的希望、雄心、计划和安排好的事情也无法再去实现。曾经，得与失对你而言是那么的重要，然而，这一切也会慢慢淡去。

到时，无论你来自何方，或是曾沿着怎样的生活轨迹生活过，都已不再重要。同样地，无论你曾多么光鲜亮丽，也全无意义了。你的性别、肤色、种族，都会慢慢被遗忘。

那么，到底什么事情是值得我们珍惜的呢？人生的价值又该怎样衡量呢？

真正应该被珍惜的，不是你买了些什么，而是你建造了什么；不是你得到了什么，而是你给予过什么；不是你曾获得过怎样的成功，而是你是否在其中做过有意义的事情；不是你曾学会了什么，而是你曾留下些什么。

是的,真正应该被珍惜的,是你曾用自身的正直、勇气、同情心,以及奉献精神去感染或鼓励过他人,使自己成为一个好榜样。

真正应该被珍惜的,不是你的能力,而是你的为人。

真正应该被珍惜的,不是你曾认识过多少人,而是在你离开时,那些会为你久久沉浸在悲伤之中的人。

真正应该被珍惜的,不是你全部的记忆,而是对你所爱之人的情怀。

真正应该被珍惜的,不是你离去后,会在人们心中停留多久,而是哪些人,为了哪些事而记得你。

人的一生中,并非偶然才会遇到这些应该被珍惜的事情。

我们应该学会珍惜,生活因珍惜而有意义,生活因懂得珍惜而完美、精彩。

Zhesixiaoyu

哲思小语

当我们每个人走完了大部分人生的时候，才想到停下来认真思考什么是生命中最应该珍视的。是眼前利益,还是在奋斗过程中那些被感动的人和事? 即使这些在人生的不同时期会有不同的答案,但最终我们都会有所顿悟:生命永远无法从记忆中抹掉的就是那些你曾经做过的有意义的事和帮助过你、深爱着你的人。

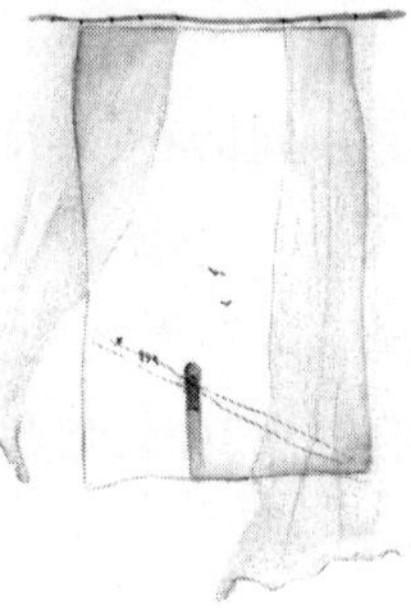

更高的规律

我们的生活是充满感性的。善与恶之间的较量，从未停息过。善良是唯一万无一失的投资。在全人类奏响的竖琴乐曲中，善的主题往往能带给我们振奋、激昂的情绪。尽管到了最后，年轻人会逐渐淡漠，但宇宙的永恒规律却永远不会淡漠，而是永远和敏感的人站在一起。听听微风的责备之辞吧，那些听不到的人是不幸的。我们每拨动一下琴弦，每调整一下音调，动人的旋律就会沁人心脾。然而，许多令人厌恶的噪音，也会传得很远，听起来好似乐声，这对于我们卑劣的生活真是绝妙的讽刺。

我们意识到，在我们的心中有一头野兽。当我们崇高的天性酣然入睡时，它就会醒来。它像一只贪图感官之乐的爬虫，或许我们永远都无法将它彻底驱除；它又像恼人的蠕虫，在我们健康的时候，也寄生在我们的身体里。也许我们可以避开它，但却永远无法改变它的本性。我担心它们的身体相当强健，虽然我们的身体也很健康，但却不再纯洁了。

如果我知道哪位智者能够传授我洁身自好之道，我一定会立即去拜访他。然而，虽然精神可以在一时间渗透身体的每个器官、支配其完成各种功能，并把外表最粗俗的贪欲转变为内心的纯净和虔诚，但我们的本能一旦被放纵，就会使我们荒淫无度。如果我们能有意识地加以节制，就会使我们精力旺盛并生机勃勃。纯洁是人性之花，而所谓的创造力、英雄主义、神圣等等不过是它结出的各种果实。一旦纯洁的海峡得以畅通，人们就会即刻奔涌到上帝面前。我们时而为纯洁而激动，时而又为不洁而沮丧。那些能够确定自己体内的野性正在一天天地消亡，而神性却与日俱增的人是有福之人。当人性和卑劣的兽性结合在一起时，人们只感到羞愧不已。恐怕我们就是神与兽的结合，那么从某种程度上来说，我们的生活就是我们的耻辱。

所有的欲望，尽管形式各异，但终归是一回事，所有的纯洁也是如此。不洁与纯洁是不能相提并论的。如果你想得到贞洁，那就必须有所节制。什么是贞洁呢？一个人是不会知道自己是否贞洁的。我们听说过美德，但我们却不知道它究竟是何物，于是我们便人云亦云。智慧和纯洁源于不懈的努力；无知和放纵源于长期的懒惰。对于一个学生而言，纵欲是心智堕落的表现。一个不洁的人往往是一个懒惰的人。虽有温暖的阳光可以享受，但他仍须整天坐在炉边烤火；他躺在床上，却并不是因为疲惫。如果你想避开不洁和所有的罪恶，那么，就认真地工作吧，即便是打扫马厩也好。天性虽难以节制，但却必须节制。

当我们谈及肉欲的某种形式时，经常可以无所顾忌地畅所欲言，而对其他的却缄口不谈。我们太堕落了，以至于无法简单地探讨人性的本能。在早些年代的一些国家里，人们不但能够对人类的各种本能采取虔诚的态度，并且能在法律上进行规范。印度的立法者是不会嫌其繁琐的，不管它多么不合现代人的口味。他教人们怎样饮食、起居，以及如何大小便，等等，他将最卑微的事情赋予更高层次的意义，而不是把它们视为繁琐之事，避而不谈。

每一个人都是神殿的建造者，而这神殿就是人们自身。因此人们总是完全按照自己的方式来膜拜心中的神祇。我们都是雕塑家和画家，创作时所选用的材料就是我们自身的血肉和骨骼。要知道崇高的品质会使人成为高雅之士，而卑污或放纵却可以使人即刻沦为禽兽。

Zhesixiaoyu
哲思小语

生活中交织着美与丑、雅与俗，正如人心中纠缠着乐与苦、善与恶。而人自身则是自我创建的神殿，你希望在你的神殿中供奉何方神祇，完全取决于你的心之所向，正如你会成为什么样的人，完全由你自己决定。

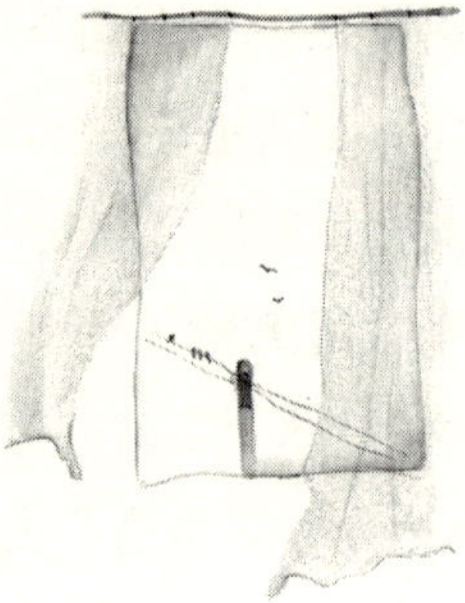

生 命

生命可以被想象，但是却不能被分割，也不能被复制。生命的整体一旦被破坏就会引起混乱。

灵魂不是孪生儿，而是独一无二的，虽然它早晚都会像婴儿那样被孕育，显露出婴儿的模样，却有着一种可以决定命运的巨大力量，不会接受被复制的生命。

人的生命之中有一种无可替代的神圣，这种神圣无须掩盖，它每一天都会显露在人们的举手投足之间。我们总觉得自己就是这社会、这世界的中心，总觉得自己是天地灵气之所钟。这种盲目的优越感和勇敢的自我欣赏正是来自于我们个体生命的神圣。

我们认为自己是唯一的，因为我们一旦死去，这浩渺无尽的时空里，就再也没有第二个“我”来重复我们今日的路。我们常常对自己深信不疑，但却对别人充满怀疑。我们常常畅所欲言，对社会，对国家，对同事、朋友、邻居加以评论，但却不喜欢别人在我们面前说这说那。我们常常为所欲为，而别人做这些事的时候，我们却把它称之为罪孽。每个人都认为自己应该有一个不受任何约束的范围，但这种自由的权限是不能与他人分享的。

行凶从内在和外表来看，从性质和后果来看都是不尽相同的；凶手行凶时的动机，并不像诗人或小说家所描述的那样伤天害理；人们也不会在日常生活中发现他的局促不安，或诚惶诚恐的蛛丝马迹。行凶并不难策划，但其结果却具有连锁效应，它往往会破坏一切相关联的东西，且一发不可收拾，恐怖的声音不绝于耳。尤其是由爱生恨所激发的罪恶行径，从行凶者的角度来看，似乎一切都合情合理，但这种行为却会对社会造成不良后果。然而，人们最终不会相信犯罪的人是迷失了自我，也并不认为他们所犯下的罪恶像重刑犯那样罪不容赦。这是因为，人们的智力对道义的判断有限制和修正的作用。就智力而言，根本没有罪恶可言。智力是反法律主义或超法律主义的，它对法律和事实的判断方法是一致的。

思想也是如此，虽然它对人们的行为有着决定和指导作用，但是我们却无法看到它的外观。

我们在街上随便遇到一个人，除非他做出某种特定的行为，否则我们很难判断这个人是好是坏，性格是坚强还是柔弱、外向还是内敛，平时是沉默寡言还是夸夸其谈，做事是雷厉风行还是优柔寡断。甚至在很多时候，看上去衣冠楚楚、仪表堂堂的人，反而是个穷凶极恶之徒。好比凶手，他们不会在额头上刻着"凶手"二字，他们沾满罪恶的双手也许光滑白净。一个站在主席台上冠冕堂皇地斥责腐败的人，也许正是最大的蛀虫。

人们总相信"眼见为实"，其实我们的眼睛经常被欺骗，或者说，我们的眼睛经常欺骗我们。因为，眼睛只能看到事物的表象，却看不透那隐藏于表象下的内核。于是我们会强调心与心的接触，认为这是了解一个人的最佳方式。这实际上是灵魂与灵魂的直接碰撞。任何人可以掩盖自己的言行，但却难以遮挡灵魂。心眼一旦睁开，一切将无所遁形。

Zhesixiaoyu

哲思小语

生命复杂而独特，柔弱又暴虐。它显示着"无可替代"的神圣，也隐匿着不为人知的罪孽。究竟该如何把握这不会重来的生命，将是我们每个人都必须面对，也必须深思的问题。

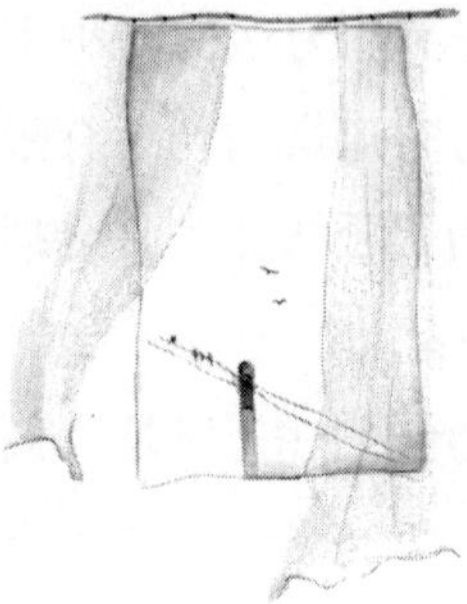

完美的宁静

从前有个国王，他想找到一个能够把宁静画得出神入化的画家。很多画家都跃跃欲试，可当国王看过他们的作品之后，真正让他喜欢的只有两幅。他要从中选出最好的。

一幅画是群山环绕的湖泊，湛蓝的天空中飘着朵朵白云，而那湖泊正是宁静的完美写照。

另一幅画也有山脉，但却崎岖不平，而且寸草不生。天空中乌云密布，狂风夹着暴雨呼啸连连，甚至还有闪电出现在空中。一条瀑布从山的一侧直泻下来。这样的画面看起来一点也不宁静。然而当国王仔细地看过这幅画后，才发现，在瀑布后面的岩石缝隙中长着一棵小小的灌木。鸟妈妈就在这里安了家。在汹涌澎湃的水流中，鸟妈妈正静静地守在自己的巢穴中——如此平静。最终，国王选择了第二幅。

“因为，真正的宁静并不是指没有噪音、没有烦扰、没有艰辛，而是当你周围所有的喧嚣因素都存在的时候，你的心依然能够静如止水。这才是宁静的真谛。”国王说道。

Zhesixiaoyu
哲思小语

真正的光明不是远离黑暗，而是永不被黑暗所吞噬；真正的宁静也不是逃避喧嚣，而是永不被喧嚣所烦扰。世界上没有绝对的宁静之境，但我们却可以拥有完全的宁静之心。

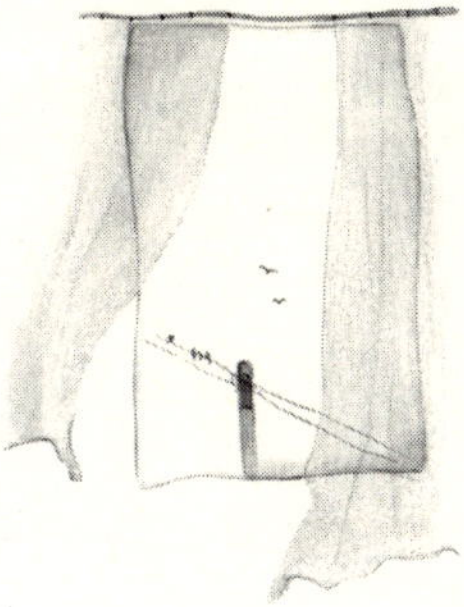

挑水和挖井

在两座相邻的山上，各有一座寺庙，庙里分别住着一个和尚。这两座山之间有一条小溪，两个和尚每天都会在同一时间下山挑水。天长日久，他们成了好朋友。

转眼间五年过去了。有一天，住在左边山上的和尚没有来挑水，右边山上的和尚想："他大概是睡过头了。"于是没有在意。

第二天，左边的和尚还是没有来挑水，这样一直过了一个月。右边的和尚觉得很奇怪，心想："他可能是生病了，我要过去看看能不能帮上什么忙。"于是他到左边山上去探望他的老朋友。

当他上山看见他的老朋友时，不禁大吃一惊，因为他的老朋友正在练习武功，而且精神饱满，没有一点儿饥渴的样子。他好奇地问："你一个月没去挑水了，难道你不会觉得渴吗？"

他的朋友把他拉到了一口井的旁边，说道："五年来，我每天都抽空挖这口井，即使很忙，我也没有停下，能挖多少是多少。一个月前我终于挖出了水，从此不用再下山挑水，我可以有更多的时间来练习武功了。"

Zhesixiaoyu

哲思小语

客观的条件不可能一成不变，偶尔的幸运也不能作为长久的依靠。如果我们能认识到这一点，及早培养自己的能力，那么，不管遇到什么样的困难，我们都能通过自己的努力来解决。

贷一美元的富翁

美国，华尔街，某大银行。

在贷款部的柜台前，一位衣着华贵的犹太老人，夹着考究的公文包大模大样地坐下来。

“请问先生，您有什么事情需要我们效劳吗？”贷款部经理一边小心地询问，一边打量着来人的穿着：名贵的西服，高档的皮鞋，昂贵的手表，还有镶着宝石的领带夹。

“我想借点儿钱。”老人慢悠悠地说。

“完全可以。您想借多少呢？”贷款部经理的脸上露出了笑容。

“一美元。”老人回答。

“只借一美元？”经理很惊讶。

“我只需要贷一美元，可以吗？”老人询问道。

“当然，只要有担保，按规定借多少都可以。”贷款部经理回答着，但他不明白老人的意思。

“好吧。”老人从考究的公文包里取出一大堆股票、国债、债券等票据放在桌上：“这些作担保可以吗？”

贷款部经理清点了一下，说："先生，总共50万美元，作担保足够了，不过先生，您真的打算只借一美元吗？"

"是的。"老人十分坦诚地说。

"好的，请您到那边办手续吧。年息为6%，只要您付6%的利息，一年后归还一美元，我们就把这些作担保的股票和证券还给您……"贷款部经理耐心地解释着。

"谢谢……"老人满意地办完手续，准备离去。

银行行长一直在一旁默默地注视着老人的举动，但他怎么也想不明白，一个拥有50万美元的富豪，为什么会跑到银行来借一美元呢？

他想弄明白这一切，便赶紧追了上去，有些窘迫地说："对不起，先生，可以问您一个问题吗？"

"你想问什么？"老人回过头来。

"我是这家银行的行长，我实在弄不懂，您拥有50万美元的财产，要是您想借40美元的话，也根本没有问题，我们会很乐意为您服务的，可是为什么您只借一美元呢……"

"好吧，看你这么细心，我就把实情告诉你吧。我是来这里办事的，可是带着这些银券很不方便，如果把它们放到金库的保险箱的话，需要支付很大一笔租金。而如果我将这些东西以担保的形式寄存在银行，由你们替我保管，既安全而且利息又很便宜，存一年才不过六美分……"

Zhesixiaoyu

哲思小语

生活当中会有很多看起来让你无法理解的事，那是因为你没有看透那些事的实质，当你透过现象发现它的实质时，你一定会对做这些事的人由衷地钦佩，你会觉得他们太善于动脑了。所以只要我们善于思考，一件事就会找到很多出路。

细微的力量

哲学上有一种理论叫“秃头论证”:一个人头上掉了一根头发,他根本没注意;掉了两根头发,他一点儿不担心;掉了三根,他也无所谓;几年以后,这个人变成了秃头。

社会研究学里也有一个“稻草理论”:往一只牦牛背上放上一根草,牦牛没有反应;再加上一根草,牦牛还是没有感觉;再加一根,牦牛动也不动;最后,牦牛身上有很多草了,再加一根,牦牛居然一下趴倒在地上——它被压垮了。

生物学上也有一个类似的“蚂蚁效应”:有一窝蚂蚁在一株老树下筑巢,蚂蚁每天都搬走一点点泥土,啃掉一点点树皮,直到有一天,一阵轻风吹来,这棵百年老树居然轰然倒下了。

掉一根头发,加一根稻草,啃一点树皮对于人、牛、树来讲,都是微不足道的变化,根本不足以让他们引起重视。但是,当这个数量累积到一定程度的时候，就会发生本质上的变化，不可预料的后果就可能在一瞬间发生。这就是上面这三个理论给我们的启示：量的积累会引起质的飞跃。

我们可以以此类推：树一棵一棵地被砍掉了，青山变成了不毛之地；日子一天一天地虚度了，我们这一生一事无成；战争一个接一个地出现了，人类辛苦创造的文明成为了灰烬……我们必须承认，这些事情确实可能出现。只不过，我们不知道它们要经过多长的时间才会发生。但不管经过多久，哪怕是千年万年，那也不过是历史长河中的一瞬。而它们一旦发生，就会带来翻天覆地的变化。

这些理论是放之四海而皆准的真理。一个人，每天坚持存很少的钱，最后他成为一个富翁；一个人，每天坚持读一页书，最后他成为远近闻名的学者；一代一代的人经过努力，最后使这个国家变得繁荣富强——星星之火，可以燎原。不要去轻视任何细微的力量，要知道，再强大的力量，也是由这些细微的力量组成的。一步一步地走，我们可以征服最高的山峰；一天一天地奋斗，我们可以成就伟大的事业；一点一点地克服，我们可以超越一切困难。实际上，我们能够达成我们所有的愿望，只要我们牢记一点：坚持就是胜利。

Zhesixiaoyu

哲思小语

很多人在设立人生目标时，都觉得离现在那么的遥远，并很难实现，不懂一点一点地积累和一点一点地靠近的道理。我们实现目标的过程就如同“九层之台，起于垒土；千里之行，始于足下”。任何艰难的事情，我们都不应该把它看做是不可能实现的，只要我们不放松地追求，坚持下去，我们就一定能够创造出奇迹。

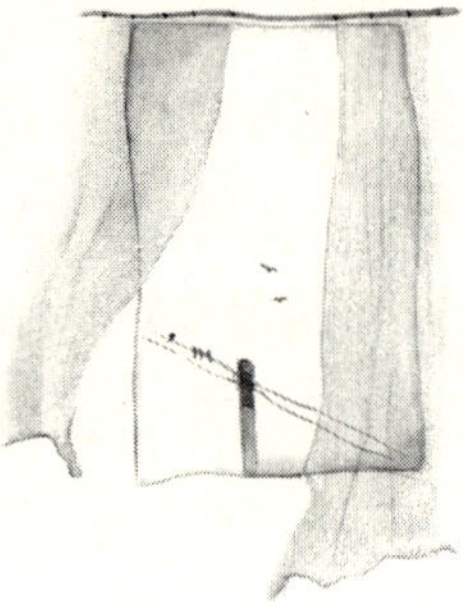

换位思考

从前有个国家，它的监狱里经常发生越狱、暴动等恶性事件。经过长期的观察后，相关部门终于找到了原因：犯人在一个地方待得太久了，对监狱内外的环境都很熟悉，这为他们的出逃提供了很大的便利。于是，国家制定了一项政策：每年都要把一批罪犯进行转移，用船把他们从一处运送到另外一处。这种方法很有成效，犯人们在一个地方待不了多长时间，没有办法来熟悉周围情况，也就不敢轻举妄动。

但是，这种措施又产生了另一个让人烦恼的问题：每次都有一些罪犯在运送的途中死亡。这就带来了很多的麻烦：船上的犯人经常和管理人员发生纠纷，起因大部分是因为饮食、医疗卫生条件太差；还有一些犯人刑期不长，家人都盼望着他们刑满出狱，最后却盼来了死讯，于是家人和监狱管理部门打起了官司；侥幸存活的犯人在上岸后经常起诉，说管理人员不讲人权。于是，社会上舆论四起，给政府造成了很大的压力。政府甚至专门为此出台了法规，约束管理人员，但收效甚微。

为了解决这个问题，有关部门决定向社会各界征集意见和建议。于是，各种各样的意见和方案纷至沓来：

“改善罪犯的饮食和医疗水平，增派随船医生……”

“少量多批地运送罪犯，让他们拥有相对较大的活动空间……”

“指导他们进行有针对性的体育锻炼……”

“对管理人员进行思想道德教育，让他们尊重犯人的人权，保障他们的生活……”

但是这些建议都有一个致命的缺点:需要增加大量的开支。很自然地,一向财政紧张的政府否决了这些方案。

于是又有人想出了一个办法:出台一个法规,制定罪犯们的最低消费标准和医疗标准。

但这样一来,又产生了一个新的问题:为了保证政府的法规能够得到有效的执行,必须派专人上船,监督押解人员照章办事,而且这个人还必须效忠政府,正直诚实,不会为押解人员的威逼利诱所动。这样的人员似乎不太好找。

后来,有一位经济学家找到了造成这些罪犯丧生的原因:一些押解人员私自减少犯人的食物和药品数量,致使他们死亡,到达目的地后再把这些克扣下来的物资卖掉,中饱私囊。

经济学家想了很久,提出了一个建议:以到达目的地后罪犯的实际存活人数来结算运送费用,人多则多给,人少则少给。这样,有关部门既不需要额外增加运输费用,也不必担心一些没有良心的押解人员克扣犯人食物了。因为如果由于食物短缺而导致罪犯死亡,那么押解人员最后得到的报酬就会相应减少。这样,押解人员就会尽全力保障犯人的生命安全。于是这个问题终于获得了圆满的解决。

Zhesixiaoyu

哲思小语

我们在工作和学习当中同样会碰到各种棘手的难题,我们不能“头痛医头,脚痛医脚”,而应该看透问题的实质,只有这样,才能找到对症的方案,使问题得到彻底的解决。否则就会旧的问题解决了,新的问题又产生了,总是无法根治。

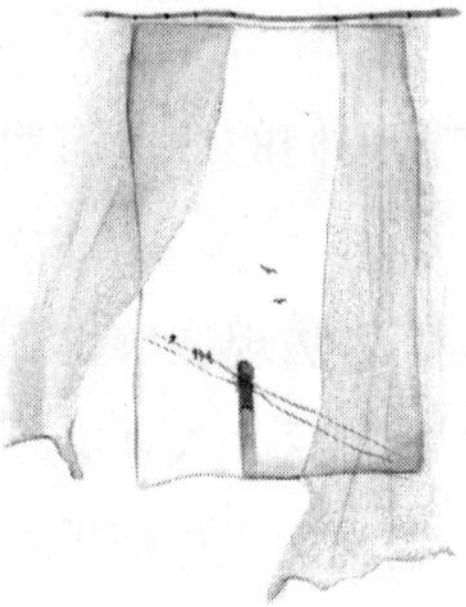

所有不解

上初中时，有一次，英语老师雷诺兹先生交给我们每个人一张字条，字条上列着其他同学的一些想法。他要求我们选择某个想法写一篇文章。

当时，十七岁的我对很多事情都感到疑惑不解，所以我决定选择“我不明白万事万物的生存方式”为题。那天晚上，我以故事的形式写下了我生活中的所有不解之事。我发现，很多问题真的很难作答，或许有些问题根本没有答案。

我把作文交给老师后，非常担心无法过关，因为我根本没有回答字条上的这个问题。我找不到答案，只写下了问题。

第二天，雷诺兹先生让我站在讲台上把我写的作文念给全班同学听。他把我的文章递给我后，就坐到了教室的后面。教室里非常安静。我开始读了起来：

妈妈，为什么玫瑰是红的？

妈妈，为什么草是青的，而天却是蓝的？

爸爸，为什么蜘蛛结网却不造房？

爸爸，为什么我不能玩您工具箱里的东西？

老师，为什么我一定要读书？

妈妈，为什么我不能涂上口红参加舞会？

爸爸，为什么我不能在外面玩到中午 11 点，别的孩子却可以？

爸爸，为什么男生会不喜欢我？

为什么我一定要系上背带,戴上眼镜?为什么我必须要过十六岁?

妈妈,为什么我必须毕业?

妈妈,为什么您不给我多写几封信?

爸爸,为什么我总会思念从前的朋友?

爸爸,为什么您这么宠我?您的女儿已经长大了。

妈妈,为什么您不常来看看我?

妈妈,为什么结交新朋友会这么难?

爸爸,为什么我会怀念在家的日子?

爸爸,为什么每次他与我对视时我的心跳总会加快?

妈妈,为什么一听见他的声音我就双腿打颤?

妈妈,为什么坠入爱河是世界上最美妙的事?

爸爸,为什么您不喜欢有人叫您“外公”?

妈妈,为什么我的小宝贝要紧紧地握着我的手?

爸爸,为什么他们必须要离开我们?

为什么会有人叫我“奶奶”?

妈妈爸爸,为什么你们要离我而去?我需要你们!

为什么我的青春会悄悄溜走?

为什么我会笑对朋友,也会笑对陌生人?

为什么我会变得满头银发?

上帝啊,为什么玫瑰是红的?

读完这篇文章后,我双眼紧盯着雷诺兹先生。他也正看着我,一颗晶莹的泪珠正慢慢地从他的面颊上落下来。在那一瞬间,我明白了,原来生活中,不仅包含很多问题的答案,还包含着许多成人们无法回答的问题。

Zhesixiaoyu

哲思小语

人生要经历一段又一段的成长期,每一段时期都有不同疑惑的问题。随着我们的长大成熟,上一段的疑惑也会找到答案。其实,一切问题都有答案,只是有些问题在我们尚不懂得的时候,长辈们无法告诉我们。因此,当你疑惑的时候,你不要急着找到答案,等你成熟后自然一切都会理解。

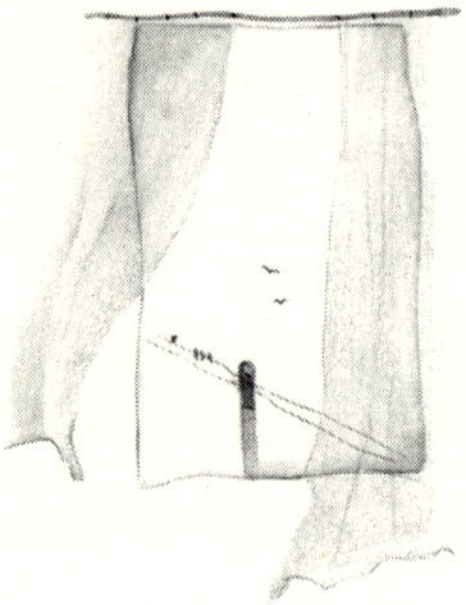

假如给你一支笔

假如有人给你一支笔——一支无法拆开的，只有一种颜色的钢笔。

你无法看到笔中有多少墨水，你也不知道它是哪种颜色，你更无法判断这支笔的质量。或许你刚试写了几笔，它就干涸了；或许它足以用来创作一部（或是几部）有着深远影响的不朽的杰作。或许你希望它是红色，这样写出的字会特别醒目；它也可能是黑色，让你的字显得庄重肃穆。或许这支笔做工精细，你在使用的时候觉得挥洒自如；或许它只是一个粗制滥造的产品，在你没写几个字时笔尖就分叉折断。

但在你开始用它之前是不会预料到这一切的。在这个游戏的开始，你真的无法预知结果，除非你去碰碰运气。

事实上，这个游戏并没有规定你必须去做什么。你完全可以不碰也不用那支笔，只把它放在书架上或是抽屉里，任由它的墨水在天长日久的闲置中枯竭。你可能觉得这支笔造型古朴，把它当做一个工艺品比用来写字强。你也许会把它卖掉，因为这支笔可能是支价格不菲的派克金笔，而你正想买一辆单车。你也可以把它送给别人，作为一件礼物表达你的心意。甚至你可以将它随手抛弃，因为你可能觉得这支笔对于你毫无意义。

但是，如果你决定去用它，又会用它来做什么呢？你会怎样去进行你的游戏呢？

你是否会在落笔之前反复计划，要写一部规模宏大、构思精巧的著作？是否因为这计划太过庞大而来不及动笔呢？或许你根本不去计划，只用它来记录你昙花一现的灵感或是日记，又或是想到什么便写什么，最后写出一篇“散”文？或许你只是手握着这支笔，一头扎进去，为写而写，艰难地在文字之海中随波逐流？或许你会谨慎而小心地去写，就仿佛它下一秒钟就无法再写出字来？抑或你会假设或是相信（假装去相信）这支笔可以永远写下去，从而继续下去呢？

你会用它写些什么呢？关于爱、恨、喜、悲、生，以及死的虚无缥缈之感，还是万事万物？你是想用它表达自己内心的声音，还是只写一些应景的文章？你想用它写一些高雅的文字，还是通俗文学？你是注重艺术性呢，还是只想用它写些文字来卖钱？

你是否只是写一些取悦自己或他人的东西？或是言他而喻己？你是否会用它抄录别人的作品？或是坚持自己的原创？

你会是颤抖着、胆怯着，还是会信手拈来？你的想象会是丰富的，还是空洞的？甚至你还没有落笔？一旦你得到了这支笔，没有规定你必须去写，你会在纸上画素描，还是会乱画一气，随意涂鸦？你是想写实，还是写意？你是喜欢泼墨山水，还是工笔画？你会画在线内，还是线外？或是即便有线，你也视而不见？或许真的有线存在吗？

这里，值得我们深深思索的东西很多，怎么我们会有这么多的未知？不是吗？

现在就想想吧：假如有人给你一个全新的生活，你会如何开始？

Zhesixiaoyu

哲思小语

每个人都会对自己的未来作出无数个美好设想，但能不能实现这些设想，就是我们除了努力外，还有一些未知的原因。这些未知因素会带给我们对美好未来的无数遐想和为之奋斗的信心，同时也带给我们无穷的快乐。

只要能坚持做下去

我看到了一个不可多得的机遇，那就是用更加高效的方式提供电脑技术。这一想法成为了日后戴尔公司的核心理念。

一个简单的问题给了我开创事业的灵感：如何才能使购买电脑的程序变得更加高效呢？答案是：把电脑直接销售给最终客户群，除去代转销售这一环节，在收益不变的情况下，把省下来的钱还给客户。

当时我并不知道别人还没有意识到这一点。我想，这是一个很明显的事实。我确信，如果我花些时间做做问卷调查，一定会有很多人说我的想法根本行不通——自从我创业那天起，十五年来我一直在听着这类的话。有时，按照自己的意愿行事而不去顾忌别人的想法，反而会让你获得成功——当别人告诉你有些事你根本无法达成的时候，我决不会去寻求赞同或支持的意见，只会坚持做下去。

在我回学校之前的那一年的一月份，我来到了奥斯汀。我作好了一切成立新公司的准备。我注册了一个名为"个人电脑有限公司"的德州公司，并在当地报纸分类广告栏上登了一则广告。通过早期与客户建立起来的关系网以及在报纸上登的那则广告，我当时接到了很多订单。

我在奥斯汀地区出售的升级电脑、升级工具、附加零件，每月的销售额都在五万到八万美元之间。开学后不久，我便从闷热的宿舍搬了出来，住进了宽敞，且有两个卧室的公寓(几个月后我才把这一切告诉父母)。五月初，大约在我大学一年级期末考试的前一周，我的戴尔电脑公司开始以股份有限公司的形式经营个人电脑业务。公司的地址也从我的公寓楼搬到了奥斯汀北部商业区的一个一千平方米的办公室里面。我还雇用了一些人接电话、接订单，还有一些人负责填单。制造部门共有三个员工，他们拿着改锥坐在六英尺的桌旁为电脑升级。

业务在不断扩大，我也开始考虑，如果我把身心都投入在公司上，公司会不会有更大的发展。在我的家乡，不上完大学是件让人无法接受的事情，想说服父母让我放弃学业几乎是不可能的。所以我根本没有告诉他们，自己作出了决定。在念完大学一年级后，我便离开了学校。父母知道后原谅了我。现在仍会有人问我:“你当时害怕吗?”答案当然是“害怕”了。然而事实证明，当时正是成立这样的电脑公司的好时机。

Zhesixiaoyu

哲思小语

当我们想做某一件事的时候，特别希望得到别人的支持，而当别人提出反对时又会使我们犹豫不定，机会也因此而匆匆溜走。如果我们能像戴尔公司总裁那样，不去寻求别人的赞同或支持的意见，只是坚持做下去，认准一个信念，你会发现一切其实很简单，只是需要你能坚持做这件事。

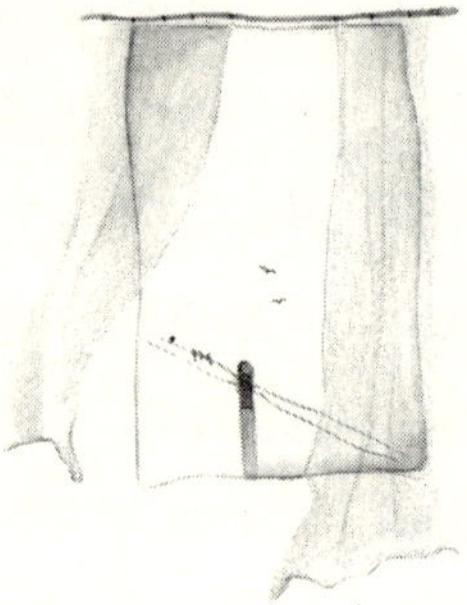

生活每天都是在享受

如今，我们建起了高楼大厦和宽阔的高速公路，但我们的性情也随之变得更加急躁，眼光也更加狭隘；

我们的付出更多了，但享受却更少了；

我们的居所更宽敞了，但家庭却更小了；

我们的消遣更多了，但时间却更少了；

我们的知识更丰富了，但判断力却更差了；

我们可选择的药品更多了，但我们的健康状况却越来越差了；

我们的财富越来越多了，但其真正的价值却越来越小了；

我们所说的话多了，但爱随之减少，仇恨却与日俱增了；

我们可以往返于月球与地球间了，但却无法迈出家门同我们的左邻右舍自如交流了；

我们可以征服太空了，却无法征服我们的内心了；

我们的收入增加了，但我们的道德水准却降低了；

我们拥有更多的特权了，但我们的快乐却越来越少了；

我们的食物越来越丰富了，但所能汲取的营养却越来越少了；

现在每个家庭都可以有双份收入，但离婚的现象却越来越多；

我们的住房越来越豪华，但家庭破碎的现象却日益增多。

所以，就让我们从今天开始，不要为某一特定时刻而预留什么东西，因为对你来说，生活中的每一刻都该是特别的。

要不断地探寻知识，多读书，在自家门廊里欣赏外面的美景吧，先把名利抛在一边。

多花些时间与家人、朋友们在一起，选择你最喜爱的食物，游览你最想去的地方吧。

生活应充满一连串的快乐时光，不要为了生存而奔波劳苦。

举起你的水晶酒杯吧；不要吝啬你最好的香水，合适的时候就拿出来用吧！

从你的词汇库中删除类似“有那么一天”或者“某一天”这样的词语吧；“总有一天要去写的信”现在就着手去写吧，不要再犹豫了！

告诉你的家人和朋友，你是多么爱他们。

不要把任何可以给你的生活带来欢乐的事情放在一旁。

每一天，每一小时，每一分钟都是特别的时刻；你永远都不会预料到那是否会是你的最后时刻。

Zhesixiaoyu

哲思小语

在我们的知识不断充实、物质不断丰富、生活水平不断提高的同时，我们在认真思考，我们从一个目标转向另一个目标的意义何在。其实我们所做的一切都是在享受着奋斗中每一天的快乐。如果我们什么都不做，只想停下来享受生活，那时你会觉得真正地失去了快乐。然而，生活的每一天都是享受，每一天对于我们都是平凡而又特殊的一天。只有把每一刻都当做生命的最后时刻，我们才会觉得生活是那样美好。

一条漂亮的裙子

伊丽莎白是曼哈顿贫民区一所学校新来的教师。上课的第一天，她注意到教室角落里有个小女孩儿，脸庞清秀却穿着脏衣服，而且身上散发出一股难闻的气味。

下课后，伊丽莎白帮女孩儿把脸洗干净，并把衣服擦了擦，她发现，这个小女孩儿其实挺漂亮的。她猜想这孩子的父母可能是每天忙于工作，没有时间来照顾孩子。她很想去这个女孩儿家作一次家访，让她的父母关心一下孩子的成长，但伊丽莎白又怕不慎伤害了孩子父母的自尊。

后来，伊丽莎白想到了一个好办法。她给这个女孩儿买了一条新裙子，让她穿回家，但是没有给她洗脸。女孩儿非常高兴地穿着新衣服回到阴暗脏乱的家里。母亲看到女儿的衣服很是惊讶，知道是老师的好意之后，母亲开始仔细打量起女儿来。她发现女儿的脸脏兮兮的，和身上的新衣服实在太不相称。于是，母亲帮孩子洗了一个澡，再给她穿上新衣服。再一看，女儿现在就像个美丽的天使。因为家里乱糟糟的，和美丽的小天使比起来实在是太不协调。于是，母亲决定和父亲一起，把整个屋子里里外外收拾一遍，终于把原来那个又脏又乱的家收拾得干干净净。焕然一新的家里现在变得非常明亮，阳光从清澈的窗户里直透进来，空气也清新了许多，这让他们全家第一次有了舒适的感觉。

但是当他们出门一看，房子附近垃圾成山，污水横流，许多苍蝇在身边飞来飞去，简直就是个垃圾场。女孩儿的父母又觉得别扭了。于是全家人一鼓作气，开始清理房子周围的垃圾。一家人忙活了几天，房子附近焕然一新。看着身边干干净净的，周围的邻居先是惊奇，继而也称赞起他们来，并学着这一家人纷纷操起工具，打扫起家里家外的卫生来。

从此，整个贫民区旧貌换新颜，彻底告别了往日的脏乱差形象，仿佛是在高档住宅区。大家在改善环境的同时，也改掉了自己所有的陋习，为自己和他人都创造了一个舒适的生活环境。

Zhesixiaoyu

哲思小语

环境改变人，人能创造环境，这个道理我们都知道。当看到周围的人或环境对我们不利时，我们应采取积极的方式，去改变它，去影响它。我们一定会有一个意想不到的收获，我们不仅从中享受到了生活，而且也得到了影响力所产生的快乐。这就是爱心产生的力量。

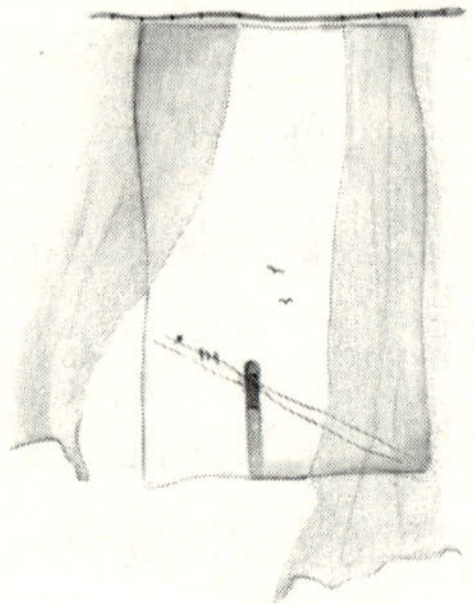

学会解压

有时，来自学校和家庭的压力会使你陷入绝境。由于青少年正处在多变的青春期，因此他们的情绪往往会有很大的波动。如果在学校过得不顺心，很可能会导致他们回到家后与兄弟姐妹们争吵。然而，与朋友争吵会让你流下伤心的眼泪，与父母发生冲突则可能留下一扇被打破的玻璃窗。

试想一下，如果你的心是玻璃做成的，里面空无旁物，你会用什么将它填满呢？当你把自己的心呈现在大家面前的时候，你希望人们看到的是怎样的一颗心呢？是一颗充满了愤怒、嫉妒、悲伤的心吗？这些情感因素只会让你的情绪变得更糟。为什么不选择快乐、平静与爱呢？它们会使你心情愉悦，也会让爱你的人感到高兴！凡事要往好的方面看，那样的话，展现在你面前的就会是完全不同的一面。

Zhesixiaoyu
哲思小语

郁闷、烦恼已成为青少年的谈话主题，那是由于青春期的情绪不稳定所致。青少年有很多不切实际的幻想和冲动，而且会随之改变自己的想法。然而，当他们要将其付诸行动时，又觉得困难重重，并陷入现实与理想的矛盾中无法自拔，从而变得沮丧、消沉。如果你能选择一种积极的生活态度，调整自己的情绪，你一定会度过这段情绪不稳定的成长期，并让自己以及家人得到快乐。

找准生命的定位了吗

我们都是芸芸众生中的一份子，那我们的生命究竟定位在哪里？如果说帮助别人使得我们的人生获得了价值，那么懂得珍惜自己，遇到困难挫折时不自暴自弃，我们才真正实现了更高的人生价值。

生活由你决定

爱丽丝问她的儿子为什么怕蜘蛛，儿子回答:“因为蜘蛛太难看了,所以我怕。”如果我们拥有教练的聆听技巧,那么我们就可以明白这句话要表达的意思是:我之所以感到害怕,是因为蜘蛛太难看了。这是蜘蛛的问题,不是我的问题,这不能怪我。

爱丽丝又问他:“是不是所有人都怕蜘蛛？”

“不是的。你不怕,我有一个同学也不怕。”儿子认真地说。

爱丽丝接着问:“同一个蜘蛛,有人怕有人不怕,那么是由谁决定怕不怕的？”

儿子想了想,回答:“是由人决定的。”

爱丽丝看着儿子,问了最后一个问题:“那么现在你有什么新想法呢？”

“哦,我知道了,”儿子的表情舒展开来,松了一口气说,“那蜘蛛没什么好怕的了。”

如果你留心的话,你会发现爱丽丝只是问了孩子四个问题,事情就迎刃而解了。这就是发问能力——教练所必备的四种能力之一。教练通过一系列有方向性的问题，帮助你认清事情的本来面目，让你自己从中找出问题的症结所在。多年以后，当爱丽丝提起这件事时，她的儿子只是模糊地记得好像怕过蜘蛛。

爱丽丝把这个故事告诉我的时候，她特别强调，最后儿子说的是“蜘蛛没什么好怕的了”，而不是“我不怕蜘蛛了”。其中的区别在于，前者的意思是，蜘蛛本来就没有什么好怕的，所以我不会害怕它，这是从根本的角度去解决问题；而后者是以蜘蛛应该让人害怕为前提，只是我找到了一种不怕它的方法，但别人有可能会害怕，这并非从根源上处理问题。

想一想：通常我们是怎么面对害怕蜘蛛的孩子的？“连蜘蛛都怕，真没出息。”“蜘蛛难看，你不看不就行了！”第一种说法就是不负责任，只是在盲目地指责孩子，完全没有涉及到事情的实质。第二种说法首先人为地肯定了蜘蛛是难看的，不过你可以躲开，说这句话的人只是在教你一种逃避的方法，犹如钻入沙堆躲避灾难的鸵鸟，而非真正在解决问题。

其实，你觉得蜘蛛难看，说不定蜘蛛还觉得你很丑陋呢！

我们在日常生活中总会遇到这样或那样的“蜘蛛”，那么，我们又该怎么去看待呢？

Zhesixiaoyu

哲思小语

生活中我们会面对形形色色的事物，有些是我们喜欢的，有些是我们讨厌的，甚至是我们恐惧的。我们在面对时，首先要把自己调整好，然后转换各种角度和使用各种方法去应对。这样一来我们一定会对问题有一个更高的认识和更大的转变，会得到意想不到的效果，会反思自己以前的做法，这时你的思想一定会有一个大的飞跃。

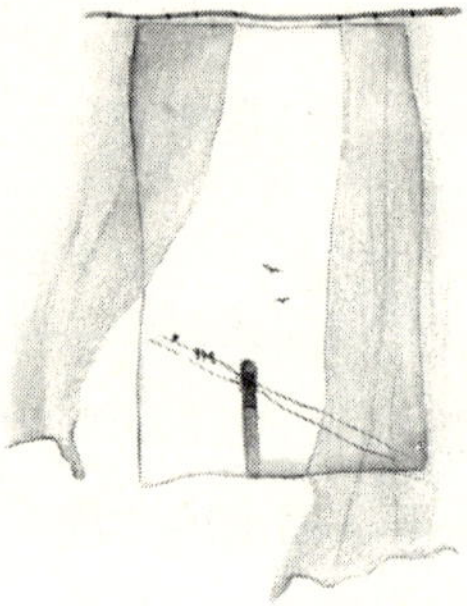

最有价值的金人

曾经有个偏远的国家派使者来中国拜访。为了表示友好，使者向皇帝进献了三个一模一样的金人。金人各个栩栩如生、金光闪闪，皇帝看了爱不释手，十分高兴。

但这个国家的使者想趁机难为一下皇帝，便出了一道题目：这三个金人哪个最有价值？

皇帝请珠宝匠来检查，称重量、看做工，无论用怎样的方法，结果都是一模一样。大臣们又想了许多办法，还是分辨不出哪一个最有价值。这怎么办？使者还等着回去汇报呢。泱泱大国，怎么连这点儿小事都解决不了呢？

最后，一位退位的老臣自称他有办法可以辨别这三个金人的价值，皇帝便将使者请到大殿。老臣胸有成竹地拿出三根稻草。他把一根稻草插入第一个金人的左耳朵里，稻草从金人的右耳朵里出来了。他又拿一根稻草插入第二个金人的耳朵里，稻草从金人的嘴巴里直接掉出来了。他用这样的方法检验第三个金人，结果稻草进去之后掉进了金人的肚子里，什么也没有露出来。于是，老臣说："第三个金人最有价值！"使者的默默无语表明了这个答案是正确的。

Zhesixiaoyu
哲思小语

上帝是最公平的，他施与每个人同样的智慧，但每个人在使用这些智慧时却千差万别。有的人出于懒惰不去思考，有的人出于自负不以为然，而最聪明的人却勤于思考，懂得如何利用智慧去做别人不愿去做或不屑一顾的事，这才是真正的智者。

劣势与优势

有一个10岁的小男孩儿，不幸在一次车祸中失去了左臂，但是他很想学习柔道。

几经周折，最终一位日本柔道大师成了小男孩儿的师傅。小男孩儿一直学得很好，可是一连过了3个月，师傅只教了他一招，这让小男孩儿有些不明白了。

他终于忍不住问师傅："为什么您总是只教我这一招呢？"

师傅回答说："是的，我只教了你一招，但你只需要这一招就够了。"

小男孩儿心中还是不太明白，但是他相信师傅所说的话，便继续用心地练了下去。

几个月后，小男孩儿由师傅带领着去参加比赛，居然轻轻松松地就赢得了比赛的前两轮，这连他自己都没有想到。第三轮虽然稍微有些难度，但对方毫无耐心地连连进攻，小男孩儿抓住机会，灵巧地施展出自己的那一招，把对手打败了。就这样小男孩儿稀里糊涂地进入了决赛。

同小男孩儿比起来,他在决赛中遇到的对手不仅高大、强壮,而且似乎更有经验。裁判见小男孩儿显得有些招架不住,担心他会受伤,就叫了暂停,甚至打算就此结束比赛。然而小男孩儿的师傅不同意,他坚定地说:“继续下去。”

比赛重新开始后,由于对手认为自己一定能赢,便放松了警惕。于是小男孩儿趁机使出了那一招,立即制伏了对手,并赢得比赛,得了冠军。

在回家的路上,小男孩儿和师傅一起回顾着每一场比赛的每一个细节。小男孩儿鼓起勇气道出了心中的疑问:“师傅,我怎么会仅凭一招就赢得冠军了呢?”

师傅答道:“你能取胜的原因有两个,首先你几乎掌握了柔道中最难的一招;其次,据我所知,要想对付这一招唯一的办法就是对手抓住你的左臂。”

所以,小男孩儿最大的劣势变成了他最大的优势。

Zhesixiaoyu
哲思小语

长、短和高、低本身就是相对而言的。有时候,你认为的劣势未必就是劣势。只要正确认识自己,利用自身的条件,充分发挥自己的长处,令你苦恼的劣势就反而会转变成意想不到的优势。那么,在常人眼中不可能成功的事,你也一样会取得成功。

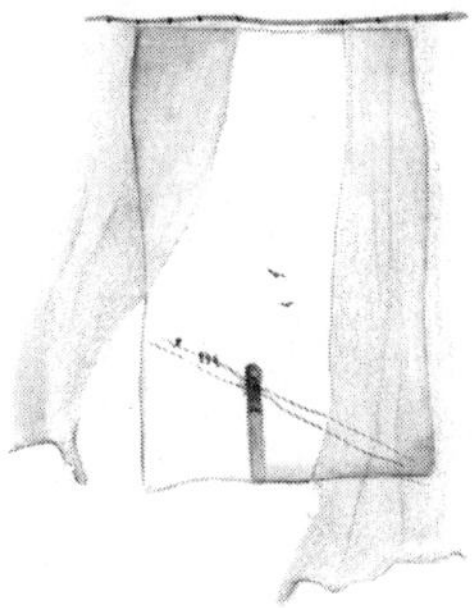

河边的苹果

从前,有一位德高望重的老和尚,他身边聚集着一群虔诚的弟子。有一天,老和尚嘱咐弟子们每人去南山打一担柴回来。弟子们遵命匆匆南行,当他们纷纷来到离山不远的河边时,不禁目瞪口呆:洪水从山上奔泻而下,在河里激起了惊涛骇浪。大家面面相觑,看来,无论如何也休想渡河打柴了,于是大家掉头回庙。因无功而返,在见到师傅时,弟子们都不免有些垂头丧气,唯独一个小和尚神色坦然。师傅诧异,问他其中的缘故。小和尚见问,忙从怀中掏出一个苹果,递给师傅说:“因河水高涨,无法过河打柴,我看见河边有棵苹果树,就顺手把树上唯一的一个苹果摘来了。”后来,这位小和尚成了师傅的衣钵传人。

世上有走不完的路,也有过不了的河。遇到过不了的河,懂得掉头而回,也不失为一种智慧。但真正的智慧还要在河边做一件事情:放飞思想的风筝,摘下一个“苹果”。历览古今,抱定这样一种生活信念的人,最终都实现了人生的突围和超越。

Zhesixiaoyu

哲思小语

人生难免会遇到很难上的山,无法越过的河,无法摆脱的泥潭,无法跨越的沟坎。悲观的人总是一味地强调客观现实的艰难,因而总是失望而返;而乐观的人则善于开动脑筋,从绝望中发现希望,并且找到解决困难的方法,从而获得意外的收获,这才是一种大智慧的体现。

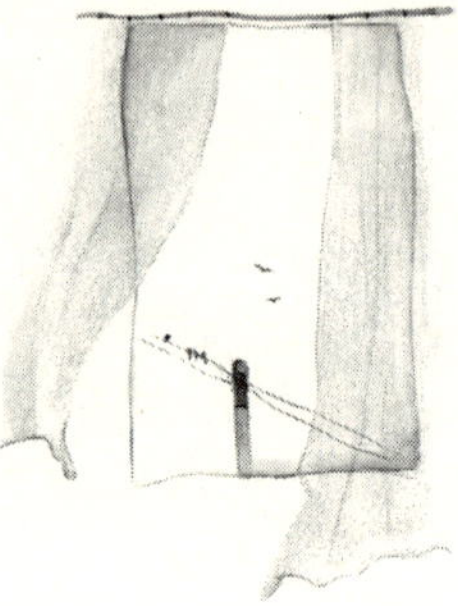

两幅画

几个朋友在一个咖啡馆闲聊，谈兴正浓时，一个人大发宏论，不禁手舞足蹈起来，一不小心竟打翻了服务员手中的盘子，满杯的咖啡全溅在了白色的墙壁上。店主见新粉刷的墙壁被咖啡玷污了一大片，就坚持要这一桌的客人赔偿损失。

正在他们僵持不下时，邻桌的一位老者把店主叫到一边，跟他悄声说了几句话，然后从随身的旅行包里取出画笔和颜料盒，走向那面沾着咖啡渍的墙……

不一会儿的工夫，墙上就浮现出了一幅画：一匹栗色的骏马安详地在草地上吃着青草，不远处，躺着一个美轮美奂的绝色女子。而刚才那片难看的污渍，也不见了。

大家纷纷鼓掌，交口称赞老画家的神来之笔。老板见这幅壁画不但掩盖了墙上的污渍，还为整个咖啡馆添光增色，也很高兴，就闭口不提赔偿的事了。

他曾是一个机关单位的正式职工，后因挪用公款而锒铛入狱。出狱后，众人对他的成见使他深感失望和无助。于是，他决定去拜访一位德高望重的老画家，以求摆脱窘境。

老画家听他说明了来意后，什么话也没说，只是径直把他领到了自己的小画室，拿起一张白纸，用手中的画笔很随意地在白纸上涂了一大团黑，并顺手递给他。

他接过来看了半天，也没看出个所以然来，不就是一张白纸上涂了一团黑嘛。他突然怀疑起来，难道老画家是在捉弄自己——那一团黑不正是影射着自己身上的污点吗？老画家注意到了他脸上表情的变化，笑着开口了：“你再仔细看看我涂的那团黑中有什么。”

他再次低下头看了看，有所收获地告诉老画家：“我看到了一团黑中还留有一个小白点。”老画家说：“你再仔细看看那白点与那一团黑之外的大面积白色有什么不同？”

他又认真地看起来。这次，他很惊奇地说：“我看到了它们的不同!黑团中的白点比黑团外白纸的白色还要白。”不等老画家回答，他又不解地问道：“同是一张白纸的原色，为什么白点看起来却更白？”

老画家没有直接回答，而是反问他：“这不就是今天你所要寻找的答案吗？”他若有所思地看着老画家，终于明白了老画家的用意。

几天后，大街上多了一个不起眼的小店铺，老板便是他。许多年后，他成了这座城市里最具实力的房地产开发商。

Zhesixiaoyu

哲思小语

在成长的过程中，我们难免会因为环境或自己一时的糊涂而犯下错误，使自己原本的清白之身染上难看的污渍。一个人有了污点并不可怕，只要你改过自新，不自甘沉沦，正确认识自己的错误，你就会使黑色的污点在原本的白色下衬托出更美的效果。正如墙上的污渍在艺术家的加工下可以成为一幅美丽的画一样，人生也同样如此。

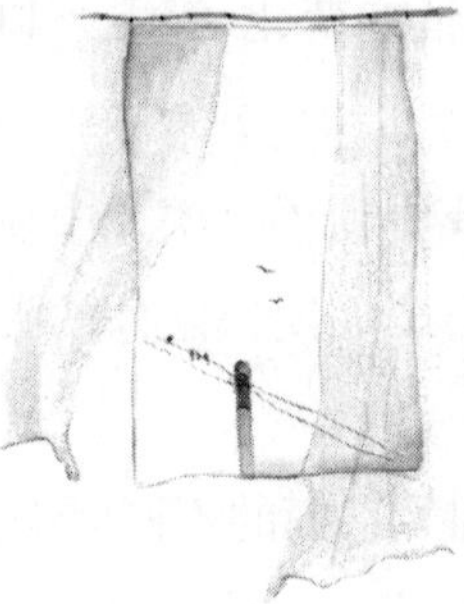

生命的价值

在五年级的班会上，同学们正在讨论什么是生命的价值。老师让同学们畅所欲言，各抒己见。有的说，生命的价值是赚足够的钱，然后过上自己想要的生活；有的说，生命的价值是取得别人的认同，得到别人的尊重……正当大家争得不可开交的时候，老师让大家停下来，然后，她给大家讲了两个故事：

一根火柴被划着了，火柴在火苗的欢舞中兴奋得满脸通红，突然一阵风吹来，吹灭了燃烧的火柴。熄灭的火柴被扔在地上，火柴沮丧极了。

“风爷爷，你为什么要吹灭火苗呀？”火柴不解地问。

“孩子，你的生命刚才险些被火苗吞噬，我吹灭它，是为了救你的命呀。”风回答说。

火柴听后，不禁叹息道：“唉，您哪里知道，我短暂的生命最大的价值就在于燃烧啊……”

另一个故事发生在孤儿院，那里有许多可怜的孩子。一天，一个小男孩儿问院长：“我长到这么大，却从来没有见过我的爸爸妈妈，走到哪里别人都不理我，像我这样的孩子，活着还有什么意思呢？”院长听了他的话，感到很难过，但是他没有马上回答这个孩子的问题。

过了几天，院长把这个男孩儿叫到面前，递给他一块石头，说：“你明天早上去市场，把这块石头拿去卖，但是不管别人出多少钱，你都别卖。”小男孩儿答应了，但是他心里很奇怪：“这石头也没什么特别的地方，谁会来买呢？”

第二天，小男孩儿带着这个疑问去了市场，找到一个角落蹲了下来。由于害羞，他不敢大声叫卖，只是当有人从他面前经过的时候，他才小声地喊一句："卖石头。"过了一阵子，有个人注意到这个小男孩儿和这块石头，这个人试着要买，但是这个孩子记住了院长的话，没有卖给他。人们觉得很奇怪，就围拢过来看。有人出了更高的价格，但是小男孩儿还是不卖。市集散了以后，男孩儿回到孤儿院，他很高兴地告诉院长今天所发生的一切。院长听了，只是笑了笑，对他说："明天你再把这块石头拿到黄金市场去卖。"结果，黄金市场里有人用比黄金还高的价格来买这块石头，小男孩儿还是没有卖。后来，小男孩儿又把这块石头拿到宝石市场上去卖。这块石头已经小有名气了，许多人都想高价买下，但小男孩儿坚决不卖，结果，这块普通的石头居然变成了"稀世之宝"。

最后，小男孩儿回到了孤儿院，他奇怪地问院长："这明明是一块很普通的石头啊，为什么会有那么多人争着要买呢？"

院长看着孩子的眼睛，认真地说道："这块石头虽然很普通，但因为你很珍惜它，不肯把它卖掉，所以它就涨价了。你就像这块石头一样，如果你也很珍惜你自己，那么你就会觉得你活着很有价值。"

"这两个故事告诉我们，生命的价值在于奉献而不在于索取；它取决于我们对自己的珍惜，而不取决于别人的评价。"讲完故事后，老师意味深长地总结道。

Zhesixiaoyu

哲思小语

生活当中，我们帮助别人就是在点燃自己时照亮别人，因此，我们的人生也就获得了价值；如果我们懂得珍惜自己，在遇到挫折时不自暴自弃，那么我们就能实现更高的人生价值。

比尔·盖茨的钥匙

美国内华达州有一所麦迪逊中学，在该校某年期末考试的试卷上，出现了这样一道题："微软董事长比尔·盖茨先生的家里有五个柜子，柜门上分别写着荣誉、成功、财富、兴趣、幸福。但是盖茨先生平时出门只带一把钥匙，其他四把都锁在柜子里，请问：盖茨先生带走的是哪一把钥匙？其他的四把钥匙放在哪个柜子里？"

考场里正好有一个刚到美国念书的中国学生，看到这样的题目时，他的脑海中一片空白：这是哪科的题目？语文还是数学？他以前可从没有见到过类似的题。他百思不得其解，也不敢胡乱作答，因此当考试结束的铃声响起的时候，他的答卷上还是一字未写，只好当了一回白卷英雄。出了考场后，他马上找到了他的一位美国同学，说出了自己的困惑。听完了同学的诉苦后，这个美国学生禁不住笑了，他告诉这个中国学生，这只是一道测试题，在书本上找不到答案的，而且这种题根本就没有标准答案，每个人都可以根据自己的想法来回答，最后阅卷老师会根据他的回答给以一定的分数。

不久后，老师把试卷发下来了。这道题的满分是九分，中国学生得了五分。他觉得很奇怪：自己可是一字未答呀。后来他看到了老师的批语，老师是这样写的："虽然你交了白卷，但你在没弄明白题意的情况下，没有胡编乱造，这起码说明你是一个很诚实的人。"这个中国学生觉得老师这样的评分方式很新奇，于是他又看了看他美国同桌的卷子。只见卷子上写得满满当当，但老师却只给了他一分。同桌答案的大意是：物质是一切的基础，成功、荣誉以及幸福都是随着财富而来的，所以盖茨随身携带着财富的钥匙，其他四把钥匙都放在财富的柜子里。

后来，这个中国学生把这道题通过电子邮件发给他国内的同学，他告诉他的同学们，他现在已经知道答案了，让他们也做做这道题，看看会得出什么答案。

这个中国学生的同学最后到底有没有做这道题，或者给出了什么答案，笔者不得而知。据说这个题目后来被发到网上，许多人都参与了讨论，但答案也是五花八门，没有定论。甚至有好事者通过电子邮件直接向盖茨先生索要答案。最后，有个聪明的家伙想出了一个办法——他跑到美国麦迪逊中学的校方网页上，找到了盖茨先生写的回信，信里只有一句话——在你最感兴趣的事物上，隐藏着你全部的人生秘密。

Zhesixiaoyu

哲思小语

爱好是获得知识的第一步，兴趣是最好的老师。只要你能沿着兴趣的方向坚持不懈地努力，一定会有其他人无法比拟的发展，你的全部能力都将被开发出来，你将成为一个最优秀的人。正如作家张洁所说的："任何一种兴趣都包含着天性中最热烈的呼声，都包含着一种处在原始状态中的天才的光芒。"

无声地绽放

在一座山上的寺庙里，有一个善良的方丈。一天，他收留了一个大约十几岁的可怜的流浪儿做了寺庙里的小和尚。这位方丈一有空就教他读书写字，并发现这小和尚挺聪明，自己教他一两遍，他就能记住。方丈很高兴，不久就开始教他念经文。然而，方丈慢慢发现了小和尚有个缺点：骄傲自大，喜欢卖弄。有时，他刚学会写几个字，就拿着笔在庙里显眼的地方乱涂乱画，希望别人能看到；或者，听方丈讲明了一个道理，就急忙跑去在别的和尚面前夸口，好像除了他再没人能懂；有时候方丈夸奖了他几句，他就更了不得，到处炫耀，好像满寺和尚数他第一。

方丈看到这种情形后，很担心小和尚的成长。于是，他想找个机会教育教育这个骄傲自满的小家伙。一天，方丈把小和尚叫到跟前，给他一盆夜来香。这花结出花骨朵已经有一阵子了，不久就应该开花了。方丈对小和尚说："你小心照看着，多浇些水，看它什么时候开花。"

几天后的一个早晨，方丈正带着一帮徒弟在念经。只见小和尚抱着一盆花一路跑过来，也不理会其他和尚，只顾兴高采烈地跑到方丈面前，扬扬自得地说："师父，这花太香了，它昨天晚上开的时候，我屋子里全是香气。不过，今天早上它又把花瓣收起来了。"方丈问小和尚："这花昨天晚上开的时候，有没有吵着你睡觉？"小和尚说："没有啊，我昨晚睡得很好，没有听到一点声音。""哦，原来是这样。"然后，方丈看着小和尚的眼睛，慢慢地说道，"我还以为这花开的时候会好好炫耀一番呢。"小和尚一愣，马上明白了方丈的意思，脸一下子变得通红，他低下头，对方丈说道："师父，我明白您的意思了，我以后一定改正。"

Zhesixiaoyu

哲思小语

我们每个人都应该知道学无止境。若刚刚取得一点点成绩就骄傲自满，那么他就不会有更大的进步。真正有学问的人，是很稳重、低调和谦虚的，因为他懂得知识是无穷无尽的。

最好的教育

美国有个著名的教育学家名叫费利斯，他的知识非常广博，而且他好学的精神更是让人称赞。当许多采访他的人问起他为什么这么热爱学习时，费利斯总是带着崇敬的口气谈起他的父亲——老费利斯。

老费利斯出生在一个普通农民家庭，因为家里穷，他没上几年学就退学到工厂里做工。老费利斯是个非常好学的人，虽然离开了学校，但他还是尽可能地去寻找书籍、报纸等有文字的东西来看，他对外面的世界有着很大的好奇心。后来，老费利斯带着他的家人来到了美国，为了不让孩子走他的老路，他下定决心：一定要让孩子们受到良好的教育。

老费利斯认为，一个人最不可容忍的就是每天什么也不干，什么也不学。他经常说："我们要学习的东西实在太多了，虽然我们刚出生的时候什么都不懂，但是随着我们慢慢长大，我们就该懂得越来越多。"

老费利斯给孩子们定了一条规矩：每天必须学一样新东西，而且要在晚餐的时候告诉家人学到了什么，只有说出了自己当天所学的东西后，才能去吃饭。

一天晚饭前，父亲问到了费利斯："费利斯，告诉大家你今天学到了什么。"费利斯说："今天学的是中国的人口。""哦，中国的人口，"父亲把眼睛转向母亲，"你知道这个问题的答案吗？"费利斯母亲的回答总是让人觉得轻松："中国？不要说它的人口了，我连它在哪个地方都不知道呢。"这时，老费利斯就说："费利斯，把地图拿来，咱们来告诉你妈妈中国在什么地方。"于是，一家人就开始钻研起这个问题来。

当时费利斯还是个孩子，他并不知道父亲这样做有什么意义，但是在不知不觉中，他受到了父亲的影响，慢慢地喜欢动脑筋去思考问题，喜欢去了解所有他不知道的东西。就这样，费利斯长大了，进入了大学。在学校里，他发现大学教授教给他的东西，正是从小他父亲在饭桌上就教过他的东西：人要不断地学习。从那时起，费利斯便决定终生从事教育事业。

Zhesixiaoyu
哲思小语

我们通常讲珍惜时间要如珍惜生命一样，因为生命是有限的，只有在有限的生命中获得更多的知识，生命才会丰富和更有意义。因此，我们在年少时就要把握住每一分钟，不虚度时光，让自己充实起来，享受知识带来的乐趣，这才是真正有价值的人生。

最高奖赏

曾经,有一个流亡海外的女孩子,因为能讲一口流利的英语和法语而被英国特工组织看中,于是她加入了英国的特工组织。其实,她并不适合特工工作。她思想单纯,脾气急躁,不但不具备特工所必需的素质,甚至缺乏最起码的处世技巧。因此,所有同事都不看好她,认为若让她做间谍,无疑是为敌国送上一座巨大的机密宝库。

正在这时,英国在法国的一个秘密电台被纳粹分子破坏,因为电报员缺少,她被临时派往法国从事电报收发工作。果然不出大家所料,所有的训练对她都没有丝毫用处,她依然思想单纯,脾气急躁,既不机敏,也不沉稳。

有一次,组织上让她把一份敌国驻军图送给地下交通员。她到了接头地点后,却怎么也想不起接头暗号,情急之下,她索性把地图展开,对着来来往往的人群进行试探:“你对这张地图感兴趣吗?”幸运的是,她的这种愚蠢的行为没有持续太久,就遇上了两位地下交通员,于是这两位地下交通员扮做精神病人迅速地掩盖了她所犯的这个可怕而致命的错误。

不仅如此,她还刚愎自用,甚至违背总部的命令。她认为越是繁华的地段越是安全，于是自作主张，把秘密电台搬到了巴黎的闹市区，可是她不知道，盖世太保的总部就在离她一街之远的地方，尤其在晚上，盖世太保们甚至能听见她发报的声音。

终于在一天夜里，盖世太保们把这个胆大妄为、正在发报的间谍逮捕了。英国特工部得知她被捕的消息后，都懊悔不已。如果这个天真的姑娘在盖世太保的刑具下毫无保留地说出一切，那么他们在法国的特工组织必将受到重创。然而，出乎意料的是，盖世太保们用尽了种种残酷的刑罚，都无法撬开她的嘴。英国特工们都被她的英勇精神所感动，就连盖世太保也不禁对这个外表柔弱，被折磨得奄奄一息的女孩儿肃然起敬了。

她的名字叫努尔，曾是一位印度王族的娇贵女儿。二战结束后，英国政府追授她“乔治勋章”和“帝国勋章”。人们疑惑，这样一个不称职的间谍怎么能够获得英国政府的最高奖赏！官方的解释是：对敌国而言，梦寐以求的就是间谍的背叛，这等于无形的巨大宝藏。但这个看似柔弱而笨拙的女孩儿，却不曾吐露一个字。一个人行事固然需要技巧和智慧，但最不能缺少的，是她的原则和信念。这就是一个间谍最本位、最出色的地方，因此，我们从不怀疑她是一位优秀的间谍。

Zhesixiaoyu 哲思小语

我们评价一个人，总习惯于从他所具备的能力和才干上进行判断，而忽略了他所具有的人格魅力。生活中，技巧和智慧固然不能缺少，但原则和信念更重要。因此，能够在生活中坚守原则和信念的人，才是最优秀的人。

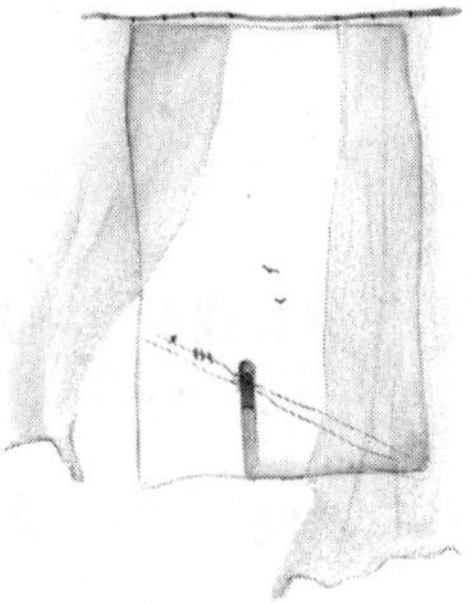

生命的意义

传说在一个遥远的国度，人们一直忙忙碌碌地生活着。有一天，一个年轻人突然发问："我们这样生活究竟是为什么？"于是，他停止了劳动，开始到处寻找生命的意义。他走过了许多地方，拜访了许多人，但是，没有人能告诉他真正的答案。于是，这个疲倦不堪的年轻人回到了家乡，只是他不再和大家一起劳动，而是整天懒洋洋地坐在门前晒太阳。时间长了，衣服破了他也懒得换，脸脏了他也懒得洗。

有一天，他穿着破烂的衣服，无精打采地靠在门前的一棵树上打着哈欠。这时，一位老人正巧路过这里，看到他这副恹恹无力的样子，好奇地问："小伙子，你为什么整天在这里待着？你这么年轻，应该去做一些有意义的事情，而不是只待在这里晒太阳。"

"唉——"年轻人大大地叹了一口气，说道，"这几年，我一直都在寻求生命的意义，可是谁也不知道生命的意义究竟在哪里。也许，根本就不存在生命的意义，既然如此，我又何必每天忙忙碌碌呢。我想，在这个世界上，已没有什么事情值得我去做了，那么，我还不如就像现在这样，每天坐在门前晒晒太阳。"

"你的家呢？你可以为家人而工作呀。"老者问道。

"我没有家，也不想要家，与其每天都要承受来自家庭的约束、承担家庭的义务，还不如没有。"年轻人说道。

"你的所爱呢？"

"我没有我所爱的，爱得越多伤得越深，与其爱过之后留下痛苦、剩下悔恨,还不如不爱。”

“你的朋友呢?”

“与其得到了还要失去,还不如没有朋友。”

“你也不想去赚钱?”

“不想,钱只是身外之物,死后也带不走,何必为它劳神费心呢?”年轻人回答道。

“噢,原来是这样。”老者若有所思地说,“你想知道你现在应该做什么吗?”

“当然想知道了,我现在该去做什么?”年轻人好奇地问。

“找一根绳子,然后回来。”

“为什么要找绳子?”

“自杀!”老者的话吓了年轻人一跳。

“自杀?你想让我死?”年轻人震惊地问道。

“是的,按照你的逻辑的确是这样。人出生了还会死亡,既然出生了还会死亡,干脆不如不出生。”

Zhesixiaoyu 哲思小语

我们每个人都是父母的期望,我们成长的每一步都凝聚着父母的心血。我们不是孤立地生活在这个世界上,而是承载了许多的恩惠和关爱。因此,我们必须承担起生命的责任,必须为了家人、朋友以及这个美丽的世界而履行自己应尽的义务,这才是生命的意义。

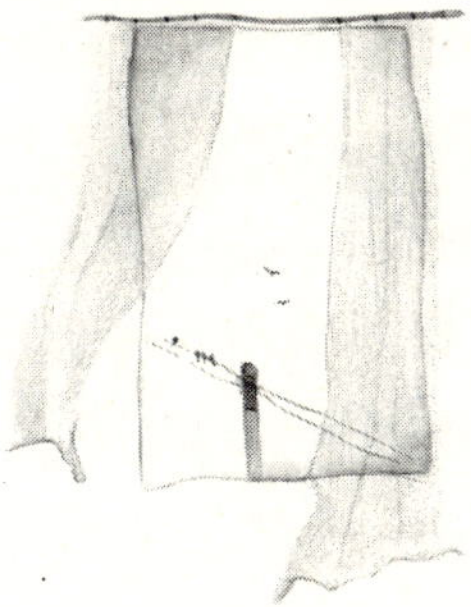

为自己而活

有一天，上帝创造了三个人，在让他们去人间之前，他想知道这些人打算怎样生活。于是，他问第一个人："你准备在人世间怎样度过自己的一生？"

第一个人想了想，回答说："我要充分地利用生命去创造。这个世界上有太多的人还生活在困厄之中，我要尽我所能，帮助他们远离死亡的威胁，让他们耕者有其田，居者有其屋。每个人都能平等相处，不会受到不公正的对待。我要为他们争取受教育的权利，这样他们以后就能凭借自己的智慧和双手来创造幸福的生活。"

上帝又问第二个人："到了人世间，你准备怎样度过你的一生？"

第二个人想了想，回答说："我要充分地利用生命去享受。这个世界上有太多诱人的东西了：美丽的风景、美貌的女子、金银珠宝，还有人人垂涎的权力。我要尽我最大的努力去享受它们。不是吗？如果没有人欣赏风景，没有人喜爱女人，没有人喜欢财富，没有人热衷权力，那么这些东西的存在又有什么价值？"

上帝又问第三个人："到了人世间，你准备怎样度过你的一生？"

第三个人想了想，回答说："我既要创造人生又要享受人生。我到那个世界只有短短几十年，我必须要为世界留下一点有价值的东西，否则我的一生将对世界没有任何意义；但是我也不会放弃我应该得到的报酬，我会尽量去享受这个世界的美好，如果我只付出而不索取回报，那么世界对我来讲就没有任何价值。"

于是，上帝给第一个人打了50分，给第二个人也打了50分，给第三个人打了100分。因为他认为第三个人才是最完美的，他甚至决定多生产一些“第三个”这样的人。

第一个人来到人世间，表现出了不平常的奉献精神和责任感。他无私地帮助了许许多多的人，却从不奢望他人能予以回报。他执著地为真理而奋斗，完全不在乎别人的误解和偏见。渐渐地，他成了德高望重的人，他的行为被人广为传颂，他的名字被人们默默敬仰。在他离开人间时，所有的人对他都依依不舍，人们纷纷从四面八方赶来为他送行。直到许多年后，他还一直被人们深深怀念着。

第二个人一来到人世间，便表现出了强烈的占有欲和破坏欲。他为了达到目的，不惜任何代价，甚至用最卑劣的手段来获取无数的财富。他过着骄淫奢侈、放纵无度的生活。后来，他终因作恶太多而得到了应有的下场。当正义之剑把他驱逐出人间的时候，他得到的是一片鄙视和唾骂。若干年后，他还一直被人们深深地痛恨着。

第三个人来到人世间，没有任何不平常的表现。他平静地建立了自己的家庭，过着忙碌而充实的生活。几十年后，便没有人记得他曾经来过这个世界。

人类为第一个人打了100分，为第二个人打了0分，为第三个人打了50分。这个分数，才是他们的最终得分。

Zhesixiaoyu
哲思小语

我们常说：上帝是最公平的，那是因为上帝不在人间，他在看人间时看得最清楚，并不带任何偏见。而人类却在围绕自己利益，只想到了自己，忘记了应该付出，因此，希望别人都为自己活着，所以，那种只求奉献的人才是人类最喜欢的，这就证明了人类的自私和贪欲。因此，上帝告诉我们人类在为别人奉献的同时，也应得到自己的幸福并享受生活，这才是最公平的。

人生之路

有一对兄弟，他们住在高楼的第80层。有一天，他们外出旅行回来，来到电梯间时，发现了一件非常糟糕的事情：大楼停电了！无奈之下，哥哥对弟弟说："我们爬楼梯上去吧！"虽然他们每人背着大包的行李，虽然楼层如此之高，但面对如此窘境，也不可能有什么别的选择。

于是，他们背着两大包行李开始爬楼梯。开始还很轻松，虽然背包分量不轻，但好在两人都年轻力壮。但是爬到第20层的时候，他们开始觉得累了，哥哥又提议说："背包太沉了，不如这样吧，我们把背包先放在这里，等来电后再坐电梯来取。"弟弟一听，也是个办法，反正背包都上了锁，而且又大又重，想必不会有哪个笨贼来偷它。于是，他们就把行李卸了下来，在角落里放好。两人顿时觉得轻松了许多，鼓起劲来继续向上爬。

他们有说有笑地往上爬着，但是好景不长，两人本来就累了，爬到后来就觉得双腿渐渐迈不开了，小腿肚开始发胀，胫骨火辣辣地酸痛。到了第40层楼的时候，两人已经累得气喘吁吁了，哥哥一屁股坐到地上喘气，弟弟头上汗如雨下。一想到还只是爬了一半，还有高高在上的40层，两人便开始互相埋怨起来。

哥哥指责弟弟道："都是你，刚才在楼下也不注意停电公告，害得我累得半死。以前我就没爬过8层以上的楼，这下好了，要爬80层！"弟弟很不服气："你在下面不也没看见公告吗？再说，你看见了又能怎样？难道你不打算上来了？"他们边吵边爬，就这样一路爬到了第60层楼。这时，他们累得连吵架的气力也没有了，只觉得小腿骨都要断了，胸膛剧烈地起伏着。兄弟俩在地上躺了一会，哥哥又想开口埋怨弟弟了，弟弟不耐烦地对哥哥说："我们不要再吵了，继续爬吧。"

休息了一阵以后，他们又像开始上楼时那样，默默地向上爬着。第80层楼终于到了！两人现在就像一摊烂泥似的瘫倒在地上，两条腿好像已经跟身体分家了，麻木得没有一点知觉；鼻子里进的气少，出的气多。不过两人还是觉得很高兴，不管怎样，他们毕竟是爬上来了，这可是两人从没有过的壮举。

兄弟俩在地上躺了半天才爬起来，摇摇晃晃地挪到自家门口。哥哥伸手到口袋里去掏钥匙，没有！摸另一个口袋，还是没有！哥哥把全身的衣兜翻了个底朝天，还是没有钥匙！哥哥慢慢地转过头去看弟弟，只见弟弟正靠在墙边，惊恐地看着他。原来，他们的钥匙留在第20层楼的背包里了……

Zhesixiaoyu

哲思小语

那80层的高楼正如我们的人生。20岁之前，我们活在亲人、朋友及自己的期望之下，背负着太多的愿望包袱，兴冲冲地一路前行；20岁之后，渐渐有了自己的想法，于是毫不犹豫地卸下了包袱，开始全力以赴地追求自己的梦想；到了40岁时，我们感到力不从心，于是开始思索、嗟叹、遗憾，甚至还有嫉恨和抱怨；到了60岁，发现来日无几，于是渐渐学会珍惜，笑对一切；80岁时，已到了生命的尽头，这才想起，最重要的东西都已遗落在那青春的梦里。

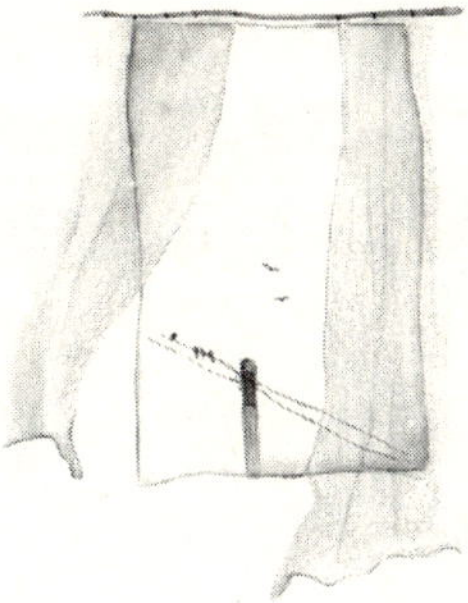

生命的长短

老子骑青牛西出函谷关时，门吏尹喜慕其名，求老子替他写本书，以此来指导他的思想和人生。老子于是就写下了道家经典之作《道德经》。

相传这一天，老子正在院子里散步，忽然有人来报告说，外面有位老者想要见老子。老子正要吩咐下人请老者进来，只听院门口一阵喧哗，那老者已经闯了进来。

老子一看，这老者年过百岁，精神饱满，红光满面，只是神态有些狂傲。他见老子出来，既不行礼，也不问候，只是傲慢地说道："听说先生你学问广博，我正好有一件事情想要请教你。"

不等老子回答，老者带着炫耀的口气接着说道："我今年已经一百零二岁了。从我年轻的时候起，我就没有参加过什么劳动，一直这样轻松悠闲地生活，和我一起长大的人却都早已变成一抔黄土了。他们一生劳苦，有的不但开垦了无数良田，而且还租种别人的地，可一年收获的粮食还不够糊口；有的修筑了一万里的长城，却没能给自己的屋子添加一块砖瓦；有的建造了许多精巧的亭台楼阁，自己却没有一处落脚的地方，只能在荒郊野外露宿；有的每天从早到晚缫丝织布，裁剪华丽的衣裳，自己却只有破布遮体；有的替达官贵人们养马赶车，自己却只能靠着两条腿翻山越岭。而我呢，我这一辈子没有下田劳动过，却依然吃得饱，穿得暖；我从没通过自己的劳动获得过哪怕是一片瓦一块砖的报酬，却仍然有房屋让我挡风避雨；就连这次我上你这里来，也有一顶轿子供我乘坐。你说，我是不是应该嘲笑他们辛辛苦苦一辈子，却只给自己换来一个英年早逝？"

老子听这老者说完，微微一笑，转身吩咐下人道："去取一块砖和一块石头来。"

不一会儿，砖石取来了。老子把它们放在众人面前，问老者："如果让你在砖头和石头中间选择一个，你会选哪个？"老者伸手取过砖头，扬扬得意地说："我当然是取砖头。"

老子捻着胡须，笑道："请问老先生这是什么道理呢？"老者说道："这石头没棱没角，能有什么用？倒不如砖头四四方方，没准哪天能用上。"

老子于是招呼周围的人围拢过来，问道："如果让大家选，大家会选哪个？"众人都说要砖头不要石头。

老子又问老者："你说是石头的寿命长呢，还是砖头的寿命长？"老者说："当然是石头。"

老子哈哈一笑，说道："石头的寿命很长，但大家都不选择它；砖头的寿命很短，大家却都选择它。为什么呢？因为大家都认为石头没什么用，而砖头有用。其实，这世间万物都是一样的，有的寿命虽然短些，但是它对人有好处，人们都会选择它、记得它，即使最后死去，它也可以一直活在人们的心中；有的寿命虽然长些，但是对人却没什么用处，人们都抛弃它，都不记得它，这样即使活得再久，也是白活。"

那老者被老子数落了一番，顿时羞得满脸通红，最后惭愧而归。

Zhesixiaoyu

哲思小语

一个人生活的长短是无法衡量出其生命的质量的。只要是有价值的人生，对社会有贡献的人生，那一定是辉煌的、充实的、有意义的。否则即使活到一百岁也同样是行尸走肉，是空虚和无聊的。因此，生命无论长短，只要有意义就能体现出价值来。

真正的人生

小赵和小钱是朋友，有一次，他们都觉得鼻子不太舒服，于是两人一起来到医院检查。医生给他们作了化验，让他们过几个小时来取结果。于是两人就在医院走廊的椅子上坐了下来。

小赵对小钱说："如果我得了鼻癌，我就不治了，马上出去旅行。首先去拉萨，那是我一直想去的地方。"小钱说："是啊，如果我也得了鼻癌，我也痛痛快快地去旅游。反正活不了几年了，与其在医院遭罪，不如走遍大好河山，游览天下奇观。"不一会儿，化验结果出来了，小赵不幸得了鼻癌，小钱则很幸运，得的只是普通鼻炎。

小钱听从了医生的建议，住下来治疗。小赵则拒绝了医生让他住院的建议，跟小钱道了别就离开了医院。

小赵回家后，马上把自己想要做的事情列出了一份清单：先去西藏拉萨；再去甘肃敦煌；到海南岛，在三亚市的椰子树下照照相；到冰城哈尔滨感受一下北国之冬；坐船顺江而下，欣赏河流两岸的美景；进行一次海上航行，体验一下惊涛骇浪的感觉；听一场音乐演奏会；读一些著名作家的作品；把自己畅游全国的经历写成一本书，等等，共有几十条。这份计划单几乎囊括了小赵的全部人生梦想。最后，小赵写道："我这一生还有许多的梦想没有实现，我打算用剩下的这些日子来做完这些事情，这样，当我离开世界的时候，就不会觉得遗憾了。"

小赵很快辞去了工作，踏上了他实现梦想的行程。接下来的几年里，小赵的梦想一一实现了。他看到了许多美丽的风景，读了许多的书，与许多的人结成了朋友，有了许多的体会，他把这些体会写了下来，有个朋友看了，决定马上帮他出版。

小钱治好鼻炎后就出院了。一天，他无意中在杂志上看到了小赵写的一篇文章，他觉得很惊讶，就给小赵打了个电话，想问问他这几年过得怎么样。小赵兴致勃勃地说："我真应该感谢这个病，不是因为它，我根本不会下定决心去做这些事情，甚至可能我这一辈子都不会去做。这几年的经历，让我懂得了一个道理：如果我们想做什么事情，就抓紧时间去做，不能一拖再拖，这才是真正的人生啊！你呢？最近过得怎么样？"小钱无话可说，他默默地放下了电话。因为他得的是普通鼻炎，不用担心自己活不长久，那天在医院里跟小赵说过的话，早就被他抛到九霄云外了，而他的生活，也在一天天的麻将声中变得越来越无聊。

Zhesixiaoyu
哲思小语

我们总觉得来日方长，总觉得还有一大把日子可供自己挥霍，因此任凭自己一天天地怠惰下去。其实，谁也不知道生命会何时结束，谁也无法预料未来。因此，我们应该紧握生命中的每一天，努力地去实现我们的梦想，只有这样，当我们离开世界的时候，我们才不会因为这一生碌碌无为而遗憾。

因为相信，所以超越

在这世界上，只有真正的强者才能掌握自己的命运，以一种永不服输的斗志、坚忍不拔的毅力，排除万难，实现自己的理想与目标。要相信：『顽强的斗志可以征服世界上任何一座高峰。』

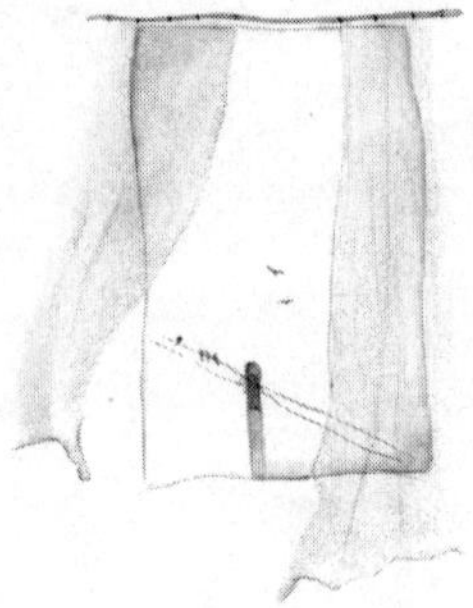

生命的跳跃

在非洲，每年夏季都会有许多河流干涸，河里的鱼就难逃被渴死的厄运。

这年夏天，又有一条河流马上要干涸了，河床里早已断流，只剩下许多的水洼，而且几天之后，水洼里的水也将蒸发得干干净净。水洼里聚满了鱼，它们都在苟延残喘，绝望地等待着死亡的到来。

但是有一大条鱼却不甘心就这样死去。它知道这条河最后会流入一条大江，而这条大江就在前面不远。它奋力地跳跃着，从一个水洼蹦到另一个水洼。剧烈的运动使它体内的水分消耗得特别快，身上也摔得遍体鳞伤。

一条小鱼看见它这样辛苦，就劝道：“你这是何苦呢？没等你跳到江里，这水就已经干了。”

大鱼看着小鱼在水洼里自由自在地摇着尾巴，可是它身躯太庞大了，在这个小水洼里想要转个身都难。它对小鱼说道：“我不像你身材这么苗条，我现在都快转不过弯了。过几天水干了，我只有死路一条。左右都是死，不如奋力一搏。”

小鱼嘲笑道：“你看看你，鳞都掉光了，还能叫鱼吗？你都一把年纪了，别学那些年幼的小鱼瞎折腾。就算真的有鱼能跳到江里去，那也不可能是你啊。”

大鱼苦笑了一下，说道：“我确实是跳不动了，但是我也不能等死呀。即使我最后还是不能跳进江里，至少我也奋斗过，死而无怨。”说完，大鱼弹起身子，在小鱼的嘲笑声中跃往下一个水洼。“啪”的一声，它摔进了又一个水洼里，身上的鳞片又掉了一些。但大鱼知道，此时此刻它已经别无选择，只能奋勇向前。

水洼越来越小，意味着前方的路越来越难走。大鱼舔着干裂的嘴唇，坚持向前跳着，一路上有不少同伴都劝它停下来，但是大鱼不为所动，它分明听到了大江里的水声，那声音里蕴涵的是生命的希望。

终于，大鱼看到了江水，就在它前面的不远处。但这时它已经筋疲力尽了，竟然无法挪动一步。江水虽然近在咫尺，却像远在天涯。大鱼嘴里已经是出气多，进气少了，脑袋也被酷热炙烤得一阵阵迷糊。“难道我就这样死去了吗？”大鱼很不甘心，“还差一步啊，还没来得及尝一口江水的滋味呢。”突然，大鱼感觉身子底下一阵清凉，它低头一看，一股细细的水流了过来。大鱼心想：“这可能是这条河里的最后一股水流了。”它马上借助这股水流的浮力奋力一跃，只听“扑通”一声，大鱼落到了宽阔的大江里！大鱼张开嘴巴喝了一大口水，感到满世界的凉爽，顿时腰不酸了，尾巴不痛了，连游泳也有劲了。

几天后，河床彻底干涸了，龟裂的河床上到处是鱼，其中有许多鱼比大鱼小得多，它们瞪着空洞无神的眼睛望着天空，死不瞑目。它们不知道，机会曾经来过，只是，他们没有抓住。

Zhesixiaoyu

哲思小语

在这世界上，只有真正的强者才能掌握自己的命运，以一种永不服输的斗志、坚忍不拔的毅力，与困难作斗争，以实现自己的目标，最终达到光辉的顶点。就像福楼拜所言：“顽强的斗志可以征服世界上任何一座高峰。”

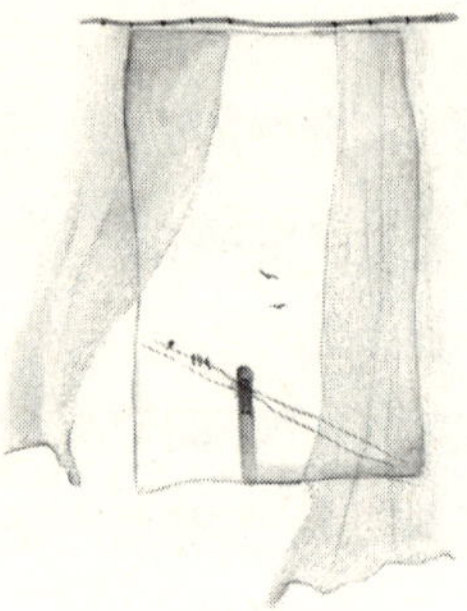

感谢贫穷

埃塞俄比亚是非洲大陆上的一个国家，那里的许多孩子都是光着脚丫子去上学，海尔·格布雷西拉西耶就是他们中的一个。这个小男孩儿每天用他的胳膊夹着书本，光着脚上学，光着脚回家。他家离学校有几十里路，但是因为贫穷，他不可能坐车上学。为了能按时上课，海尔只好每天早早起床，跑步上学。于是，每天早上，人们都能看到一个小男孩儿，腋下夹着课本，迎着朝阳，伴着晨风，一路奔跑。

许多年过去了，海尔——这个曾经夹着课本光脚跑步上学的小男孩儿，成为了世界上最优秀的长跑运动员。在国际性的比赛中，他先后15次打破世界纪录。他跑步的时候，仍然保持着那种特有的姿势：一只胳膊比另一只抬得要高些，而且更贴近肩膀。这是他小时候那难忘的经历留给他的特殊印记。

后来，海尔在回忆起这段故事的时候颇有感触地说："那时候，其他的孩子能够乘坐父亲的车上学放学，而我因为贫穷，只能跑步去学校。但是我应该感谢贫穷，如果不是它，我今天不可能成为世界冠军。"

Zhesixiaoyu

哲思小语

虽然贫穷是痛苦的，但是换个角度去思考的话，我们又可将贫穷作为财富来对待。这笔只有少数人才能得到的财富应该很好地被珍惜与利用，并从中获得无穷的力量和巨大的成功。

别让过去决定未来

在美国新泽西州的一个小镇上，有一所规模不大的学校，其中有个班级被人称为“撒旦班”。这个班只有 26 个孩子，他们有一个共同的特点，就是每个人都有很多不良习惯，不是抽烟喝酒，就是打架斗殴，恶行累累，屡教不改。人们都说这些孩子是不走正道的坏孩子，甚至说他们是魔鬼的化身。他们不但不服家长和老师管教，而且还捉弄上课的老师，以致很多老师都不愿到这个班来上课。学校和孩子的父母们也都对这些孩子毫无办法。

一天，这个班级里来了一位新老师，她叫菲拉，刚从外地调来。当她翻看了孩子们的档案记录后，非常失望，甚至有些后悔当初答应校长接这个班。但她并没有就此放弃，在开学前的一段日子里，她一直在寻求如何改造这些失足少年的办法。终于有一天，她想到了一个好主意。于是，在新学期开始的那天，菲拉老师走上讲台，在简单的自我介绍后，她没有像别的老师那样，进行长篇大论的枯燥说教，而是笑吟吟地对同学们说，这节课，她只给同学们出一道选择题。

那些调皮捣蛋的孩子原本打算先接受一顿训诫，然后再好好地捉弄一下新来的老师，没料到新来的老师竟是这样和蔼亲切。于是，这些曾被人们称为“小撒旦”的孩子，一个个好奇地盯着菲拉，想知道新老师到底给他们出什么样的题。

菲拉老师的题目是这样的：有三个人，第一个人迷信，而且特别喜欢抽烟喝酒；第二个人多次逃学，每天睡懒觉，每天晚上都要喝酒，还吸过鸦片；第三个人曾经为国家作出过很大的贡献，而且他有良好的生活习惯，不贪嘴，基本上也不抽烟喝酒。菲拉让这些孩子选出一个他们认为将来会造福于人类的人。所有的孩子都选了第三个，他们觉得这样的人将来一定是个好人。然而，菲拉告诉他们说：“孩子们，这三个人其实你们都知道，他们后来都非常有名。第一个人就是富兰克林·罗斯福，他连任过四届美国总统；第二个人是温斯顿·丘吉尔，他担任过英国的首相；第三个人是阿道夫·希特勒，一个杀害了无数人的坏蛋。”这些孩子大吃一惊，没想到他们所认为的好人居然是这样一个无恶不作的坏人。这时，菲拉又对他们说：“孩子们，你们现在还很小，犯一点点错误并不要紧，只要你们从现在开始好好改正错误，好好学习，好好做人，将来你们一样会大有成就。”听了老师的话，这些孩子都慢慢地陷入了沉思，好像他们都明白了什么。

从那以后，这些孩子都像变了一个人，再也没有干坏事，而且都认真学习，遵守纪律，后来，他们都变成了人人称赞的好学生。

Zhesixiaoyu
哲思小语

我们无法改变过去，但我们可以把握未来。每个人都会犯错，只要能及时认识到自己的错误，并付诸行动，马上改正错误，我们同样可以做一个特别优秀的人，一样在今后的人生中成就大事。

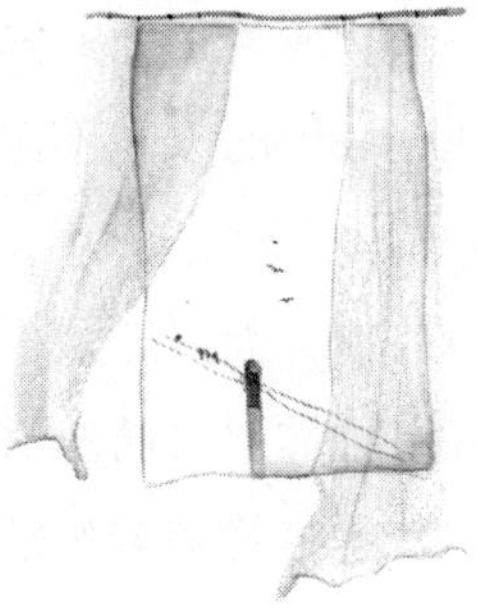

幸运星

19世纪初，在英格兰南部的一个小镇上，一户贫穷的农家里，传出了一阵响亮的哭声——一个幼小的生命诞生了。可是这个小生命的到来，却没有给这家人带来一点儿欢乐，因为家里实在太穷，已经没有能力抚养更多的孩子了，因此，爸爸妈妈都不太喜欢她。而且随着这个小女孩儿慢慢长大，她的脸上出现了一颗小小的黑痣。到她两岁的时候，这颗黑痣已经变得有一颗黄豆大小了。小女孩儿本来就不漂亮的脸蛋变得越来越难看，身边的亲人和邻居也越来越不喜欢她。

小女孩儿知道大家都不喜欢她，也就变得越来越不爱说话，经常一个人在田野上发呆。因为家里穷，她只上了四年学就被送到农场里做工。在农场里，也没有谁愿意和她说话，所以小女孩儿在空闲的时候，就拿起一本不知道从哪里找来的书认真地看，她只有在书里才能找到和她说话的人。就这样，小女孩儿慢慢长大了，变成了一个小姑娘。在她十三岁的时候，在一个晴朗的日子里，她像往常一样坐在草地上，沉浸在她心爱的书的世界里。不远的地方，有一群人正朝这边走过来，其中一个人是当时牛津大学的著名教授，他早就看到了这个埋头苦读的小姑娘，也看到了她脸上那颗黑色的痣。教授慢慢走到小姑娘跟前，仔细地盯着她看了一阵，然后，他对身边的人说："这小姑娘眼睛明亮，做事专心，将来一定大有出息。她脸上的那颗黑痣，其实是一颗难得的幸运星。"

教授的话马上就传开了。几天后，小镇上所有的人都知道了教授对这个小姑娘的评价。当人们再见到这个小姑娘的时候，忽然发现她并不像以前那样让人厌恶，她脸上的黑痣也不像以前那样刺眼了，再加上小姑娘平时对人很有礼貌，于是大家慢慢表扬起她来。小姑娘一下子成为了大家的宠儿，她被免费送到最好的学校读书，而且在大家的帮助下，她的家也不像以前那么穷困了。

小姑娘并不知道大家为什么会突然对她好起来，但是她一天天地快乐起来，也一天天地自信开朗起来。由于有了好的学习条件，再加上自己的努力，小姑娘的学习成绩一直非常好，而且比以前活泼了许多。尽管随着年龄的增长，她脸上的黑痣也在逐渐变大，但是这并没有影响到什么，有许多的男孩儿都喜欢她，她真的从一只丑小鸭变成了一只美丽的天鹅。

小姑娘长大后，进入剑桥大学读书，获得了博士学位，并成为了当时英国爱丁堡大学最年轻的女教授。早已没有人记得当初那个人人都不喜欢的小姑娘了，现在人们对她只有羡慕和赞美。

在女孩儿三十五岁的时候，她被提名为英国皇家科学院院士。但就在这个时候，很不幸，她去世了。人们感到非常意外，也非常痛心。后来有位医生查出了姑娘的死因，原来是她脸上的黑痣里有了癌细胞。但是这时候，人们早就不记得她脸上的黑痣了，人们都认为这颗黑痣就是一颗幸运星，是智慧和才干的象征。直到今天，人们还记得她的名字——圣安·玛利亚。

Zhesixiaoyu

哲思小语

好运不会无缘无故地从天而降，成功是人们一点一滴积累的结果。只要不逃避生活，勇敢地面对现实，我们就一定能创造财富，也决不会被埋没。

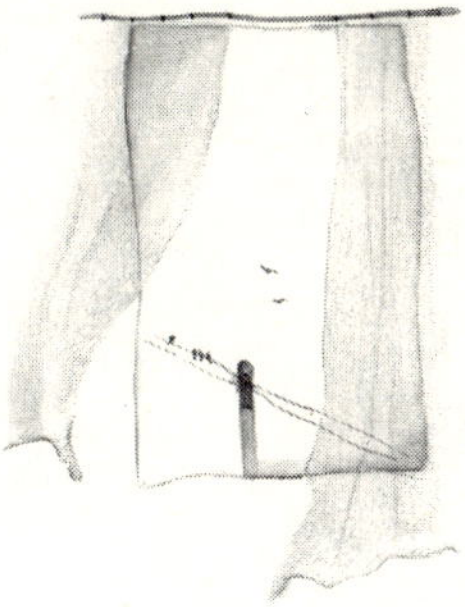

要做就做最好

20世纪30年代，在英国的一个普通小镇上，有一个名叫玛格利特的女孩儿，她从小就受到父亲严格的管教，她听父亲对她说的最多的话就是："不论做什么，你都要尽力做到最好，只能超越别人，而不能落后。就算是乘坐汽车，你都必须坐在前面。你的字典里，永远不能有诸如'我做不到'或'这件事情太困难了'之类的字眼。"

后来，玛格利特上了大学，学习拉丁文，学制五年。但是，凭着自幼养成的"要做就做最好"的个性，玛格利特居然只用了一年的时间，就学完了五年的课程，在毕业考试的时候，她还名列前茅。而且，玛格利特不单品学兼优，而且她兴趣广泛，擅长体育、音乐、演讲。以致她的校长在谈到她时都会自豪地说："她是我们学校有史以来最出色的学生。"

四十多年过去了，当年那位出色的学生成为了世界政坛上一位大名鼎鼎的人物。她创造了英国政坛上的奇迹：连续四年当选保守党领袖，并于1979年成为英国建国以来第一位女首相，而且，在接下来的十一年里，她一直高居首相之位。她在世界政坛上享有盛誉，人们都尊称她为"铁娘子"。她就是玛格利特·撒切尔夫人。

Zhesixiaoyu

哲思小语

"要做就做最好"，这是一种积极向上的人生态度。它能激发我们一往无前的勇气，它告诉我们无论做什么事都要全力以赴，不要找各种借口让自己松懈，只有这样不懈地努力，才能够成功。

琼 尼

我的儿子琼尼出生时,长着一双畸形足。医生向我们保证说,经过一段时期的治疗,他可以正常走路,但像正常人一样跑步的可能性却微乎其微。于是,琼尼在三岁以前一直在接受手术治疗。他整日都要和石膏、支撑架打交道。在琼尼七八岁的时候,他和正常人走路的样子已经没有什么区别了。

邻居家的小孩子们做游戏时总是跑来跑去,琼尼也自然而然地加入其中。我从不限制他像别的孩子一样奔跑,也从不说他与别的孩子不一样。因为我们从未对他提起过,所以他什么也不知道。

七年级的时候，琼尼决定参加一项徒步穿越全美的比赛活动。他每天和队友一块儿训练。也许他意识到自己天生就不如别人体质好，所以训练时比任何人都刻苦。要知道，训练结束时，成绩排在前七名的选手才可以参加最后的比赛，为学校争光。我们从没对琼尼说，也许他会离开这个队伍，所以，他什么也不知道。

他每天都要坚持跑四五英里，甚至在发高烧的时候也不曾放弃过。当时，我很为他担心，便在他放学后去看他。可到学校后，却发现他一个人正沿着操场跑。我问他感觉怎么样。"很好。"他回答说。他满脸是汗，由于在发高烧，眼睛也失去了原有的光彩。而他却头也不回地一直向前跑去，他还要再跑两英里。我没有对他说，发高烧时不可以跑四英里路那么远。我没有对他说，所以，他什么也不知道。

两个星期后，也就是决赛前的第三天，长跑队的名单被最终敲定。琼尼排在第六位，他成功了！当时，他不过是个七年级的学生，而其余的参赛选手都是八年级学生。我们从没有告诉他不要奢望自己可以入选，也从未对他说，他不会成功……所以，他什么也不知道，但他却做到了！

Zhesixiaoyu

哲思小语

有些时候，我们不得不说一些善意的谎言，或者善意地隐瞒一些事情，为的只是不让那些身心不健全的人背上沉重的思想包袱，不让他们对未来和生活失去信心。给他们一个认识生活的机会，让他们与正常人一样创造奇迹。

关键在于坚持

日本曾有一个叫铁眼的和尚，发誓要用募捐得来的钱为佛修一个金身。大家知道这件事后都好心地劝他放弃，因为这件事虽然功德无量，但是做起来却非常不容易。然而，铁眼和尚是一个不畏艰辛、不怕任何困难的人，没有什么事情可以阻止他的决心，只要是他认准的事情，他就一定会坚持到底。

在他募捐的第一天，他来到了最繁华的闹市区，想在这里向来往的行人乞讨。没过多久，他见到一位武士迎面走来，便上前施礼说道："贫僧发誓要为我佛重塑金身，希望施主能为我佛捐些善款。"

武士仿佛没有听见他的话，依然大摇大摆地向前走去。铁眼和尚见武士不理会自己，赶紧追上前去，小声地恳求道："只要心怀我佛，捐多少都能表示一片心意。"

武士见他居然追上来向自己讨钱，不由得心中厌烦起来，便向他摆摆手，十分明确地拒绝道："不捐！"

铁眼和尚丝毫不在意他说的话，只是紧紧地跟在武士的身后。就这样一直跟出了十多里的路程。那个武士见这个和尚如此诚心，不由得产生了怜悯之心，便随手扔出了一文钱。铁眼和尚赶紧捡起了这珍贵的一文钱，并且毕恭毕敬地向武士表示感谢。

武士见和尚追了这么远，只拿到了一文钱，居然还对自己如此感激，很难理解。于是便收起了刚才那十分不友好的态度，不解地问："就这么一文钱也值得你这样感激我吗？"

铁眼和尚回答道："今天是我立誓要为我佛重塑金身而进行乞讨的第一天，如果连一文钱都没有化到，也许我的信心就会被动摇。现在幸亏有您的慷慨施舍，让我更加坚定了完成这个心愿的决心，所以我要好好谢谢您。"

铁眼和尚说完，又向他深深鞠了一躬，便按原路返回继续化缘。有了这一文钱的鼓励，他边走边自言自语道："一日一钱，千日一千。绳锯木断，水滴石穿。"

武士望着和尚的背影，听到他所说的这番话，不禁肃然起敬，心中大受感动。于是赶紧追上去把身上所有的钱都捐了出去，以表达自己的心意。

就这样斗转星移，冬去春来，铁眼和尚在经历了无数个风风雨雨的日子后，终于筹足了善款，实现了自己的愿望。

Zhesixiaoyu

哲思小语

"聚沙成塔，集腋成裘"。实现目标的关键，就在于天长日久的积累与坚持。如果我们坚定于自己的目标，不惧艰险地前行，勇于战胜困难，那么在别人看来不可能成功的事情，我们也一定能够成功。

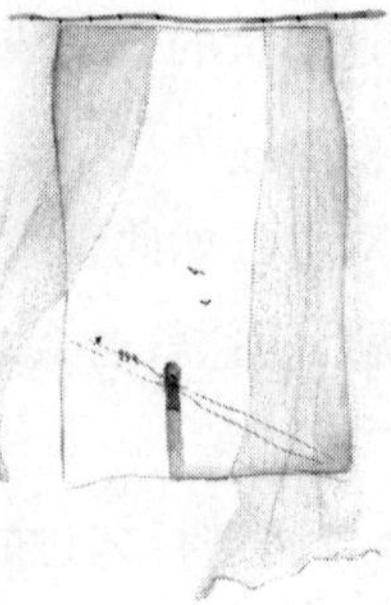

希望的动力

在亚马孙的热带丛林里，有两个正在赶路的男人。这两个人瘦骨嶙峋，衣服破破烂烂，看得出来他们受了不少苦。两人手里抬了一个沉重的箱子，一步一步地往前艰难地走着。这两个人名叫艾莫斯和沙伦，他们当初是跟着他们的雇主阿尔伯特来丛林探险的，但是途中阿尔伯特得了重病，不幸去世了。

这个大箱子是阿尔伯特交给他们的，临死前，他再三叮嘱艾莫斯和沙伦："你们一定要看好这个箱子，要把它安全送到我的朋友罗宾手里。箱子里的东西虽然对你们没有什么用，但是对罗宾先生有很大的用处。如果你们两个人能把这个箱子安全送到，那么罗宾将会给你们比金子还要值钱的报酬。"

阿尔伯特去世后，艾莫斯和沙伦两个人抬着箱子继续上路了。丛林里荆棘密布，蔓草丛生，行路异常艰难，有时还会遇到野兽的袭击，因此，他们走得非常缓慢。不久，他们仅剩的一点儿食物也吃完了。由于箱子十分沉重，再加上没有食物来补充能量，他们走得越来越慢，可恶的箱子也似乎变得越来越沉了。后来，他们感到自己的胳膊都没有知觉了。

偶尔，他们一想到不知道还要多久才能走出这可怕的丛林，心里就充满了绝望。有几次，他们甚至想把这个沉重的箱子扔掉，或是在短暂的休息后，再也不想站起来前行，但是只要一想到以后可能得到丰厚的报酬，他们就强打起精神来，小心翼翼地抬着箱子继续前行。

就这样，怀着对金钱的渴望，他们终于走出了丛林。找到了罗宾先生后,他们把箱子交给他,并让罗宾先生付给他们报酬。罗宾先生吃惊地说:“我可没有说过要给报酬呀,而且我是个穷光蛋,也付不起什么报酬。或许,阿尔伯特在这箱子里放了什么值钱的东西吧。”于是,罗宾当着艾莫斯和沙伦的面打开了箱子。可眼前的情景却让三人大吃一惊:箱子里竟然装着满满一箱石头!

失望之极的沙伦大声骂着阿尔伯特:“这个刻薄鬼,他不但不给我们报酬,还骗我们抬着一箱子石头走了那么远的路程,差儿点没把我们累死!”然而,艾莫斯却一声不吭,他想起穿过丛林的时候,他们看到许多人的尸骨,当初如果不是这只箱子在鼓励着他们,他们可能也已经倒在丛林里了。一刹那,他明白了阿尔伯特的苦心。

他对沙伦说道:“你别怪阿尔伯特了,他说的没错,你想想,要不是对即将到手的财富满怀希望,我们可能早已饿死或者累死在丛林里了。其实我们都应该感谢他,感谢他让我们得到了比金子还要宝贵的东西,那就是我们的生命!”

Zhesixiaoyu

哲思小语

有希望才能有追求,有追求才能有行动。一个有追求的人,不会轻易被击倒,因为,这些追求会一直激励着他,使他有勇气去面对一切挑战,征服一切困难。每个人都应该有远大的理想,都应该对自己的未来充满希望,因为它是我们前进的巨大动力。

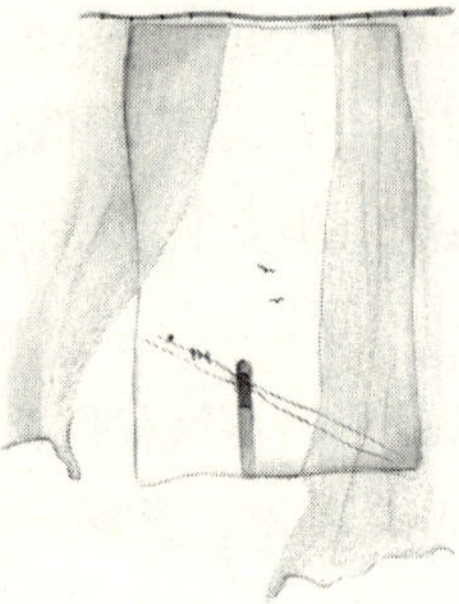

永不放弃

有一名优秀的建筑师，正当他事业如日中天的时候，他却不幸病倒了。医生检查后告诉他，他的神经系统受到肿瘤的压迫，有导致死亡的可能。限于当时的医学水平，医生对这种病无能为力。工程师简直要被这个噩耗击垮了，他年富力强，事业有成，前途一片光明，怎么会遭到这样的厄运。工程师绝望了，他什么都不想做，他买来一本日记本，想记录下他为数不多的日子的点点滴滴。

工程师把这本日记称为"死亡日记"，每天他都仔细地记录下当天的心情，对事业的惋惜，对家人的留恋和每天治疗的情况。他想把痛苦从笔下宣泄出来，这样心情大概能开朗些。

几个月过去了，工程师发现他心里的痛苦不但没有减轻，反而越来越重。因为他每天写新的日记时都会想起前一段时间的日记内容，心里愈加苦闷，他感觉自己离这个世界越来越远。

这天，工程师正在发愣的时候，猛然想起自己儿时有一个梦想：写一本关于蜜蜂的童话故事。他决定在他离世之前，给这个世界留下一点儿东西，算是他来过的一点纪念。

工程师以前是搞技术的，对文学并不精通，但是他决定从头开始。他每天奔波于图书馆之间，还虚心向一些作家请教写作技巧，并阅读了大量的童话作品以培养灵感，每天晚上他不再写日记了，而是着力创作童话。渐渐地，工程师忘记了他的"死亡日记"，忘记了心里的痛苦，也忘记了他自己还面临着死亡的威胁。他全身心地投入到了实现儿时梦想的行动中。

时光荏苒，很快五年过去了。这五年来，他依然时时受到病魔的折磨，但是工程师再也没有痛苦绝望过，他每天沉浸在他的创作当中，完全忘记了自己可能不久于人世。终于，工程师完成了他的童话创作。虽然他的文字并不是特别的成熟，但是情节曲折、构思精巧，得到了一些作家的首肯。一家颇具规模的出版社在看过工程师的作品后，决定马上出版。工程师终于圆了他儿时的梦想。

童话出版后，受到广大儿童的热烈欢迎，在社会上引起了不小的反响。大家都很好奇一个工程师怎么会改行写起童话来，于是，许多媒体争相采访工程师。在被问到这五年的创作体悟时，工程师说道："我在五年前患了一种病，医生告诉我这种病目前没有医治的方法。我当时很绝望，觉得上天对我太不公平，因为我那时是个不错的工程师，正处于事业的黄金时期。为此，我着实彷徨消沉了好一阵子。后来我终于想通了，这个世界不会抛弃任何人，只有人抛弃了世界或是放弃了自己。于是，我重新拾起了幼年时的梦想，开始进行童话创作，很幸运，我成功了。要说我这五年来的体悟，其实只有一句话：只要我们不放弃自己，世界就不会抛弃我们。"

Zhesixiaoyu

哲思小语

俗话说，哀莫大于心死。我们每个人都有遇到困境甚至面临绝境的时候，如果我们在奋斗之前就已心如死灰，那么我们整个身体、整个精神世界都会彻底崩溃；相反，如果我们能够鼓起生命的勇气、扬起理想的风帆，与困难作坚决的斗争，那么，终有一天，我们会跨越这些障碍。因此，不论我们人生中遇到什么困难，我们都要记住：只要充满勇气，就一定能够战胜困难，天无绝人之路。

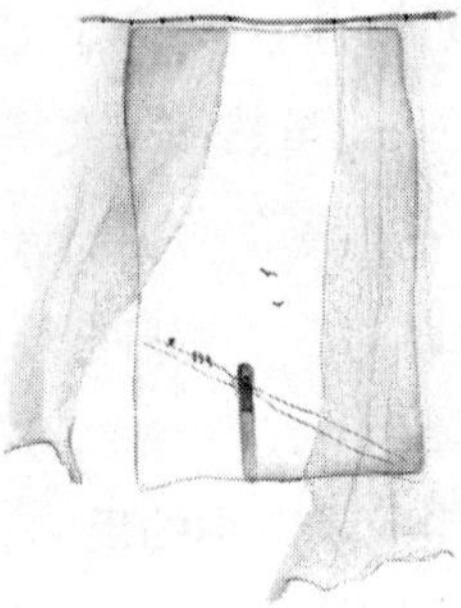

正面和反面

墙壁上，一只虫子正在艰难地往上爬，当它爬到一大半时，忽然跌落了下来。

这是它又一次失败的记录。

然而，过了一会儿，它又开始沿着墙根，一步一步地往上爬……

第一个人注视着这只虫子，感叹地说：

“一只小小的虫子，都能如此执著、顽强。即使失败了，也毫不屈服；虽然跌倒了，却依然从头再来。真是百折不挠啊！而我只是遭到了一点儿挫折，我怎能就此气馁、退缩、自暴自弃呢？难道我还不如这只虫子？”

他觉得自己应该振奋起来。

他果然振奋起来了。

这只虫子再一次从墙壁上跌落下来……

第二个人注视着它，禁不住叹气说：

“可怜的虫子！只知道盲目地爬行，这样下去什么时候才能爬到墙顶呢？其实只要稍微改变一下方位，它就能很容易地爬上去；可是，它就是不知道反省，不知道停下来看一看。唉——可悲的虫子！而我自己又何尝不是如此，我正在做的那件事一再失利，我也该自我反省一下，该学得聪明一点儿，不能再埋头蛮干一气了。我是个有思维头脑的人，可不能像这只虫子一样愚蠢。可怜的虫子，我真该感谢你，是你启发了我的理智，让我学得聪明一些了……”

第三个人询问智者：

“观察同一只虫子，两个人的见解和判断截然相反，得到的启示也迥然不同。可敬的智者，请您说说，他们哪一个对呢？”

智者答道：“两个人都对。”

“怎么会都对呢？对虫子的行为，一个是褒扬，一个是贬抑，对立是如此鲜明。然而，您却一视同仁，您是好好先生吗？您是不愿还是不敢分辨是非呢？”

智者笑了笑，回答道：

“太阳在白天播撒光明，月亮在夜晚投射清辉——它们是完全‘相反’的。你能不能告诉我：太阳和月亮，究竟谁是谁非？

“假如你拿着一把刀，把西瓜切成两半——左右两半是完全‘对立’的。你能不能告诉我：哪一半是‘是’，哪一半是‘非’？

“不分是非的好好先生不足为训。但是，世界并不是简单的‘是非’组合体。同样观察虫子，两个人所处的角度不同，他们的感觉和判断就不可能一致，他们获得的启示也就理所当然会有差异。

“而你只看到两个人之间的‘异’，却没有看到他们之间的‘同’——他们同样有反省和进取的精神。形式的差异，往往蕴涵着精神实质的一致。表面的相似，倒可能掩盖着内在不可调和的对立。现在让我来问一问你：你的认识和我的认识，究竟谁是谁非？”

询问者哑口无言，只好以笑掩饰自己的羞愧。

Zhesixiaoyu

哲思小语

在现实生活中，我们总习惯把所有的事或人都贴上“是”与“非”或“好”与“坏”的标签，从而把世界简单化。正所谓“横看成岭侧成峰，远近高低各不同”，不一样的人有不一样的见解，不一样的见解有不一样的精彩，我们只有在坚持自己观点的同时，也包容并欣赏跟自己不同的观点，才能走出偏狭的死胡同，进入广阔的天地。

漂流者

有一年，史蒂文·卡拉汉独自驾驶着帆船横渡大西洋，途中帆船因与某物相撞而下沉。卡拉汉不得不坐着救生艇在海上漂流着，并偏离了航线。当时他身边的食物所剩无几，生存机会十分渺茫。幸运的是，在七十六天后，三个渔民发现了他，并且把他救了上来。（他是世上遭遇海难后，在救生艇上存活时间最长的人）可是，他与从前相比简直判若两人，身体瘦弱不堪，不过，他活着。

有关他大难不死的故事听来着实让人惊叹不已。在遇难的过程中，他是如何巧妙地抓鱼，又是如何固定太阳蒸馏器，用以提取淡水的情节都非常有趣。但是我最感兴趣的是，当他在彻底绝望的时候，当他觉得抗争已毫无意义的时候，当一切灾难都向他袭来的时候，他是如何支撑下来的。当救生艇出现漏洞的时候，他又是如何经过一个星期的抗争来应对这一问题的——救生艇漏气，于是他只有不断地向救生艇吹气。当时，饥肠辘辘的他已经极度脱水，早已筋疲力尽了，看来放弃似乎是当时唯一的选择。如果人们在这种情形下仍能够战胜一切而生存下来，那么在他们的心中一定有一种坚定的信念在支撑着他们。许多人在同样的境遇下往往会选择放弃，甚至是精神失常，幸存下来的人，靠的是心中的信念，正是这信念给予他们战胜一切艰难困苦的勇气。

"我告诉自己说，我一定可以熬过去的，"卡拉汉说，"与他人的遭遇相比，我已经算是幸运的了。我一遍遍地对自己重复着这样的话，在心中建立起永不放弃的信念。"我把这几句话摘录了下来，并且，他的言语使我深感震撼。后来，每当我觉得自己的目标似乎遥不可及或是遇到了无法解决的难题时，我就会用这几句话来勉励自己。每每念到这几句话的时候，我总会变得理智起来。

事实上，所谓的不幸只是相对而言的，有些人往往比我们更不幸。不论我们的现实生活与梦想相距多远，纵观历史，我们应该为现在所处的环境以及时代感到幸运。这种想法是明智的，而且也是值得人们深深思索的。从这则劫后余生的故事中，我们学到了一些能给予我们勇气和力量的话语。无论你遭遇了什么，你都要一遍遍地对自己说：我一定能熬过去；与那些不幸的人相比，我已经算幸运了。这个信念会坚定你战胜艰难困苦的决心。

Zhesixiaoyu

哲思小语

遇到难以解决的问题时，如果只是一味地怨天尤人、自暴自弃，那么我们将会陷入更深的绝境。相反，如果能够设身处地地想想那些比我们更艰难的人是如何渡过难关的，并告诉自己"我一定可以熬过去"，我们就能在心里建立起永不放弃的信念。也许，我们会突然发现，事情并没有想象中的那样糟糕。

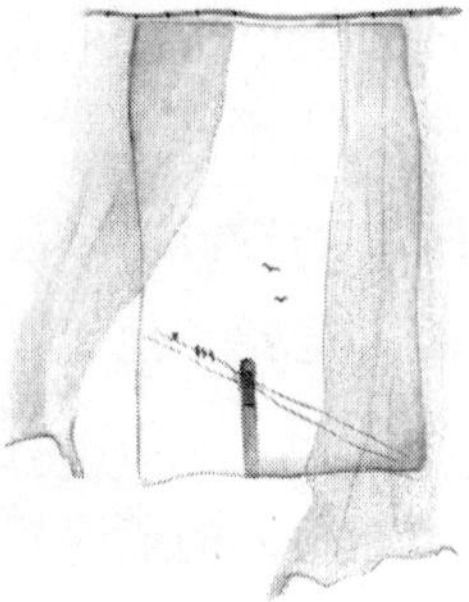

我被留了下来

莉莲是一个年轻的法裔加拿大女孩儿，在安大略省加纳德河畔的农场长大。十六岁时，她的父亲认为“莉莲读的书已经够用了”，便迫使她辍学，让她出去工作，以缓解家里经济困难的状况。那时，正值世界性的经济萧条时期，对于一个以英语为第二语言、所受教育与技能又十分有限的女孩而言，就业前景并不乐观。

她的父亲尤金·贝扎尔是个非常苛刻的人，他决定的事，不允许别人说一个“不”字，也从不听从任何人的辩辞。无奈，莉莲只好出去找工作，但由于自身条件有限，她几乎没有一点儿求职的勇气。她很自卑，不知道自己可以做什么样的工作。

虽然就业机会渺茫，可莉莲仍然每天乘公车到温泽或底特律那样的“大城市”去找工作。即便如此，她也无法鼓起勇气去应聘那些广告上的职位，甚至连敲门的信心都没有。她在那些金碧辉煌的办公大楼前徘徊着，看着工作人员来来往往，却不敢踏进门里一步。她觉得她肯定没有能力在大城市里立足，但是她也不能待在家里，她不能在父亲的眼皮底下待着。每天，她乘车来到市内，毫无目标地四处闲逛着，黄昏时再回家。父亲总会问她：“今天运气如何，莉莲？”她总是胆怯地回答着：“不好……今天运气不好，爸爸。”

日子一天天过去了，莉莲每天都是如此，父亲也每天都询问她找工作的进展情况。父亲的问题变得越来越苛刻，看莉莲的目光越来越尖利，说话的语气也越来越严厉。莉莲知道，她必须敲开一家公司的大门了，她已经没有了退路。

一天，莉莲在底特律市中心的卡哈特服装公司看到一则招聘启事，上面写着："招聘文秘。有意者请进。"莉莲犹豫了半天，最后她鼓起勇气走向了通往卡哈特公司办公室的楼梯，此时那楼梯显得很长很长。生平第一次，莉莲怀着忐忑不安的心情敲开了办公室的门。办公室经理玛格丽特·科斯特洛接待了她。莉莲用她那不太流利的英语作了自我介绍，并表示她对秘书这个职位很感兴趣，她谎称自己已有十九岁。玛格丽特观察着这个女孩儿：她稚嫩的脸庞出卖了她的年龄；她是如此的局促不安；她的手臂僵硬地垂着，好像胳膊并不属于她。凭着丰富的阅历，玛格丽特察觉出莉莲的话并不全是真的，但仍决定给她一次机会。她带莉莲走进卡哈特公司一间陈旧的办公室，在这里，莉莲看到很多人排列整齐地坐在打字机、计算器前，顿时觉得有一百双眼睛正盯着自己。这个乡村女孩儿紧张得低下了头，两眼盯着地面，忐忑不安地跟着玛格丽特走到了这间办公室的后排。

玛格丽特让她坐在一台打字机前，对她说道："莉莲，让我们看看你的真本事吧。"她递给莉莲一封信，让她在12点之前打印出来，随后就离开了。莉莲看了看表，正是上午11点40分，快到吃午餐的时间了。她本想到时可以混在人群中溜走，但又觉得自己好不容易鼓足了勇气进到这里，至少应该尝试一下。

于是她定了定神，开始打字。然而，她以前从没接受过这方面的任何训练。第一次，她打了一行，共五个字，却错了四个字。她把纸抽出来扔掉，时钟指向11点45分。她自语道："到了中午，我就和这些人一起出去，然后他们再也不会见到我了，即使他们因为我做得不好而嘲笑我，那我也不会知道。"但是她不知道的是，玛格丽特正透过一个窗户在看着她。

第二次，莉莲打了一段文字，但仍有很多错误。她叹了口气，再次把纸抽出来扔掉，她知道自己的能力实在难以胜任这项工作。她想："再打一次吧，反正就剩十几分钟了，我怎么也得将这封信打完，反正也就这一次。"于是她一边安慰着自己，一边重新开始。这次，她打完了整封信，但还是错误百出。她又看了看表：11 点 55 分——还有五分钟就自由了。

就在此时，办公室的门开了，玛格丽特走了进来，并直接走向莉莲，一只手放在桌上，另一只手则搭在女孩儿肩上。莉莲顿时紧张了起来，还没到 12 点呢，这下她没有办法混在吃午饭的人群里溜掉了。她知道自己做得很糟糕，她紧张地等待着玛格丽特把她赶出门去。玛格丽特读了那封错误连篇的信，说道："莉莲，你做得很好！"

莉莲惊呆了。她看了看信，又抬头看了看玛格丽特，她简直不敢相信自己的耳朵，但是玛格丽特脸上的微笑明显地表示了她对莉莲的满意。就是这句充满鼓励的话语，使莉莲想溜掉的想法立刻消失得无影无踪，并开始重拾自信。她心想："太好了，如果她认为我做得很好，就一定是很好了。看来，我可以留下来了！"

莉莲真的留在卡哈特服装公司工作了——一干就是五十一年。其间，经历了二战与经济大萧条时期，共有十一个总统和六个总理执政——这都是因为在女孩儿敲开卡哈特公司大门时，一个有着敏锐洞察力的人，给予一个害羞而又充满疑虑的年轻女孩儿一份珍贵的礼物——自信。

Zhesixiaoyu

哲思小语

一个人最怕的不是得不到他想要的生活，而是争取这种生活的信心。如果没有了信心，他的整个精神世界就会崩塌，他将变得一无所有。所以，我们应该帮助这样的人，不是帮助他得到他要的生活，而是要帮助他重拾面对生活的信心。只要有信心，他能创造任何他想要的生活。

生存的尊严

凯蒂的朋友玛丽亚从南站办事回来后，给她讲了这样一个故事：

那时正是中午，天空飘起了细雨，车厢里稀疏地坐着几位乘客。车子驶到桥头站时，上来一大一小两位引人注目的乘客。从他们的容貌不难发现，这是一对父子，而且都是残疾人。中年男人双目失明，而那个八九岁大的小男孩儿则是一只眼紧闭着，另一只眼微微睁开一点儿。小男孩儿牵着中年男人的手，一步一步地摸索到车上，站在车厢中央。

当车子慢慢启动后，小男孩儿高声说："尊敬的先生、女士，你们好，我叫汤姆，我现在唱几首歌给大家听。"说完，小男孩儿便自弹自唱起来。坦白地说，电子琴的音质很平常，但孩子的歌声却有着天然童音的甜美。

唱完几首歌以后，男孩儿走到车厢头，像人们预料的那样，他开始"乞讨"了。但是，他没有托盘子，也没有直接把手伸到乘客面前，而是轻轻地走到乘客的身边，叫一声"先生"或"女士"，然后默默地站在那里。当然，所有人都明白他的意图，但都假装糊涂，或干脆把头扭向窗外。

后来，当小男孩儿空着小手走到车厢尾时，一位坐在玛丽亚身边的中年妇女露出鄙夷的神色，尖声叫道："天啊！纽约的乞丐可真多，连车上都有！"

顿时，所有人的目光都集中到他们两个人的身上。然而，小男孩儿的脸上竟然显现出与他年龄极不相符的冷峻来，他不愠不火、不卑不亢地说："女士，您错了！我不是乞丐，我是卖唱的。"

那一刻，所有冷漠的目光顿时变得生动起来，然后，车厢里响起一片掌声。

讲到这里，玛丽亚的声音变得郑重起来："一个没有生存能力的小男孩儿已经不屈地与生命抗争了，他怎么可能是乞丐呢？"

这时，凯蒂的眼睛也湿润了。

有一天，凯蒂路过广场时，飘来一阵悦耳动听的琴声。只见不远处有一个男孩儿在拉小提琴，她一眼就看出，他就是玛丽亚提过的那个卖唱的小男孩儿。当凯蒂把几枚钱币郑重地放在小男孩儿的手心时，心里完全没有施舍者的心态，只有一个沉甸甸的信念——人生没有乞丐。

Zhesixiaoyu

哲思小语

每个人的生活都不可能一帆风顺，即使我们处于生活的低谷，也不要向困难低头、向生活妥协。只要我们有一个坚定的信念和勤奋的双手，不屈地去承受生命，同样能够获得生命的尊严。

一切困难
都是纸老虎

琼斯是《明星报》的著名记者，他在这家报纸工作多年，在行业里享有很高的威望。每当报社有新记者来报道时，他都会给他们讲一个当年他自己入行时发生的故事。

那时，琼斯刚刚考入《明星报》。上班的第一天，报社主管就给他布置了一个任务：采访大法官布兰代斯。

琼斯大吃一惊，头一次上班的喜悦被吓得无影无踪。他想：自己所在的报社只是当地一家名气不大的报纸，自己也不过刚刚毕业，没有一点儿采访经验，更没有一点儿名气；而布兰代斯却是一个大名鼎鼎的法官，而且他公务繁忙，怎么可能有时间来接见我这个初出茅庐的小记者呢？如果我就这样冒昧地去拜访，弄不好会被羞辱一番；就算法官接受我的采访，我又该怎么对他提问呢？如果他不配合怎么办？琼斯整个上午都在忐忑不安中度过，他怀疑主管是不是在故意刁难他。中午的时候，琼斯的同事汤姆知道了这件事情，他来到琼斯身边，对他说："我很理解你现在的心情，每一个新入行的人可能都有你这样的顾虑。你现在就像是躲在一间漆黑的屋子里，因为害怕外面的狂风暴雨而不敢出门一步。其实，如果你勇敢地跨出一步，也许会发现外面风和日丽。为了证明这一点，我现在就演示给你看。"

说着，汤姆拿起琼斯桌上的电话簿，在查到了大法官布兰代斯的联系方式后，他把电话直接拨了过去。法官的秘书接听了电话，汤姆直截了当地说出了他的要求："我是《明星报》的记者琼斯，希望能够采访法官先生，不知道他今天是否有时间？"琼斯正站在旁边，他被汤姆吓了一跳，他没想到汤姆会这样直接提出他的要求，他觉得汤姆这样做，不吃个闭门羹才怪。

正在琼斯目瞪口呆的时候，他又听到了汤姆在说话："非常感谢！我明天下午 1 点 15 分准时到。"

汤姆放下电话，对瞠目结舌的琼斯哈哈一笑，说："看，像我这样，直接说出你的想法不就行了吗？你也可以这样做的，不用顾虑那么多，否则你就会把自己吓倒了。你的采访时间定好了：明天下午 1 点 15 分。记得别迟到。"琼斯这才缓过劲来，他低下了头，若有所思。从那以后，琼斯信心大增，在工作上也逐渐得心应手，游刃有余。他多次采访过当地的一些名人，甚至还和大法官成为了朋友。

多年以后，琼斯回忆起这段往事的时候，深有感触："有时候直截了当真的很有效，它会让你意想不到地克服许多困难，慢慢地，你就会有信心克服所有困难。"

Zhesixiaoyu

哲思小语

生活中会遇到很多困难，人们经常被困难吓倒，因为自己从没有面对困难想去克服它，而总是在绕过困难回避它。其实，很多时候困难并没有那么可怕，我们只是被自己的想象所吓倒。如果我们能够鼓起勇气去努力地想办法改变它，就一定能发现，困难其实是人生道路的一个小坡，越过去并不难。

其实都不冷漠

没有什么爱是微不足道的。事实上，即便是一声亲切的问候，一次善意的安慰，只要通过爱的心灵和双手传递下去，也能打破冷漠的坚冰，让人重获光明和希望。

重视每一个人

纽约电话公司曾就电话对话作过一项调查,内容是,在现实生活中哪个字的使用频率最高。通过对 500 个电话对话的调查,结果显示,“我”这个字使用了大约 3950 次。这说明:不管你是什么人,现在生活得怎么样,其实在内心深处都是非常重视自己的。

有个推销员曾举过这样一个例子。在他曾经为强生公司联系的客户中,有一位十分特别。这位客户是一家药品杂货店的店主。每次他到这家店的时候,总要先跟柜台上的营业员聊上几句,然后才去见店主。

这天,他又来到这家药店。店主突然告诉他,自己的店不想再卖“强生”的产品了,他以后不用再来了。这个推销员只好无奈地离开药店。他茫然地开着车子在街上转了好久,最后决定再回到店里,把情况向店主说清楚。

当他走进店里的时候,他照常和柜台上的营业员打招呼,然后再去见店主。谁知这次店主见到他很高兴,不但笑着欢迎他回来,并且订了比平常多一倍的货。这个推销员十分惊讶,不知道自己离开后到底发生了什么事,让店主的态度有了如此大的转变。店主指着柜台边一个卖饮料的男孩儿说:“在你离开店铺以后,卖饮料的男孩儿走过来告诉我,说在进入店里的推销员中,唯一会同他打招呼的人就是你。他还说,如果有什么人值得我与其做生意的话,就应该是你。”店主考虑过后,同意了男孩儿的看法,决定继续和这个推销员保持业务上的往来,从此还成了这个推销员最好的客户。

这个推销员说:“我永远都不会忘记:关心、重视每一个人是我们必须具备的特质。”

Zhesixiaoyu

哲思小语

关心、重视别人必须具备高尚的情操和坦荡的胸怀。当你用诚挚的心,使对方得到充分的尊重时,你就能感受到一种美好、和谐的人际关系,从而得到更多的帮助和收获。

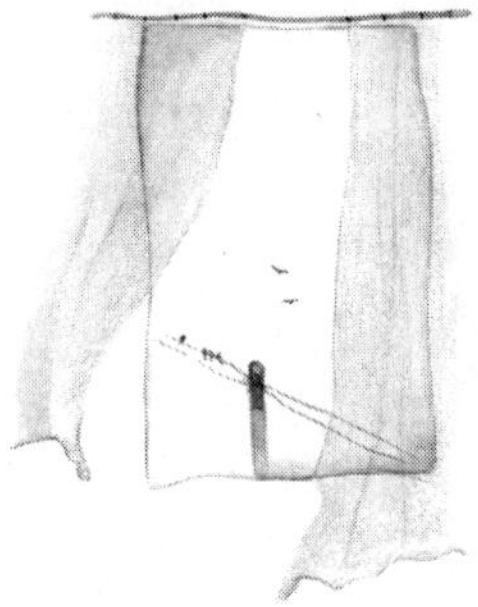

米基的进球

昨晚，我 8 岁的儿子所在的足球队进行了一场比赛。在临近终场的时候，比分是 2∶1，儿子的球队领先。父母们都站在足球场周围呐喊助威。

在比赛还剩下不到 10 秒的时候，球突然滚到了我儿子的队友——米基·奥唐奈的面前。米基转过身来，用尽全力把球踢了出去。观众一片沸腾：奥唐奈进球了！

然后，全场又突然一片沉寂。米基确实射中了，但却射错了球门，比赛以平分结束。片刻间，全场鸦雀无声。

要知道，米基患有唐氏综合征，对他来说，根本没有射错球门这回事，所有的进球，米基都会以热情的拥抱表示祝贺。他甚至在对手进球时拥抱过对方球员。

沉默最终还是被打破了。米基满脸欢喜地拥抱着我儿子，高声叫道：“我进球了！我进球了！”

一瞬间，我屏息凝神，不知道我儿子会有什么样的反应。我多虑了。在泪眼朦胧中，我看到儿子举起手来，以传统的方式与米基击掌庆贺，并开始欢呼道：“加油，米基！加油，米基！”片刻之间，双方队员都围到了米基身边，一起为他的进球欢呼、祝贺。

当晚，当女儿问我谁赢了时，我笑着回答：“踢平了，大家都赢了。”

Zhesixiaoyu
哲思小语

胜利并不是竞争和比赛的唯一目的，能在竞争中历练品格，能在比赛中收获感动，其意义要远胜于一个“赢”字。尊重弱者，尊重他人的每一分努力，是胜利的基石，也是勇者的美德。

助人的快乐

英国有一个著名的银行家叫威廉·约翰，年轻的时候，他好斗又爱慕虚荣，并且嫉妒心很强，因此他经常与人发生纠纷。为此他很苦恼，于是他就去请教大学者培根，希望培根能给他指出一条明路，改变这一切。

对于约翰的到来，培根是非常高兴的，毕竟有人愿意改过总是好事。于是培根告诉约翰："年轻人，非常感谢你对我的信任。你能够在我面前坦白地说出这一切，就表明你不是一个坏人。其实，世界上极坏和极好的人都不多，大多数人都是和你一样，既有善良的天性，又有着罪恶的种子。"

约翰听了很高兴，就问道："那么我就是一个正常人了？"培根摇摇头说："我只能说你不是一个坏人，但是你应该努力去做一个好人，做一个能主动去帮助别人的人。努力地发扬你心里善良的一面，而不要让罪恶的种子发芽。"

约翰问道："那么怎样做才算是一个好人呢？"培根告诉他："如果你看到他人获得成功而能不感到嫉妒，或者把这嫉妒之心转化为激励自己奋发的动力，那么你会成为一个让人们尊敬的人；如果你能很有礼貌地对待一个你不认识的人，那么你就可以和全世界的人们往来；如果你能不追求物质上的穷奢极欲，那么你就可以做个朴实的人；如果你在看到别人痛苦的时候会觉得很同情他们，那么你就有一颗好心，就像那疗伤树，总是用自己宝贵的汁液来为人们治疗伤痛；如果你能不计较别人的过错，那就说明你有宽广的胸怀。”约翰认真想了想，他觉得自己最缺乏同情心，于是，他决定从这一点开始改变自己。

一天，天上下起了大雨，约翰没有带伞，他只好把手中的袋子遮在头上，一路奔跑着回家。在转过一个街角的时候，他发现前面有一辆装满西红柿的木板车翻在路边，红红的果实滚得到处都是，沾满了泥。一位老人正吃力地弯着腰，想把板车给扶起来。但是他已经上了年纪，尝试了几次都没能成功。按照约翰以前的性格，他没准会把这些掉在地上的西红柿当球踢。但这次，约翰没有这么做，他走上前，弯下腰来，帮老人把板车扶好，再把满地的西红柿一一拾回车上。等所有的事情都做好，约翰已经被淋成了落汤鸡。

老人非常感动，不停地向他道谢说：“真是太感谢你了，孩子，上帝会保佑你的。”约翰也很高兴，他没想到，只因为做了一点儿好事，就获得了这么多的赞扬。湿衣服贴在身上凉凉的，但是他心里却暖烘烘的。从这天起，约翰经常做好事，后来，他有了另外一个称号：慈善家威廉·约翰。

Zhesixiaoyu

哲思小语

常言道，送人玫瑰，手有余香。当我们真心地对他人伸出援助之手时，接受我们帮助的人会因此脱离困厄，从而对我们心怀感激；而我们也会从心底感到快乐，因为我们的力量能够对社会有所助益。如果每个人都能尽其所能地帮助他人，那么我们就能建立一个和谐阳光的社会。

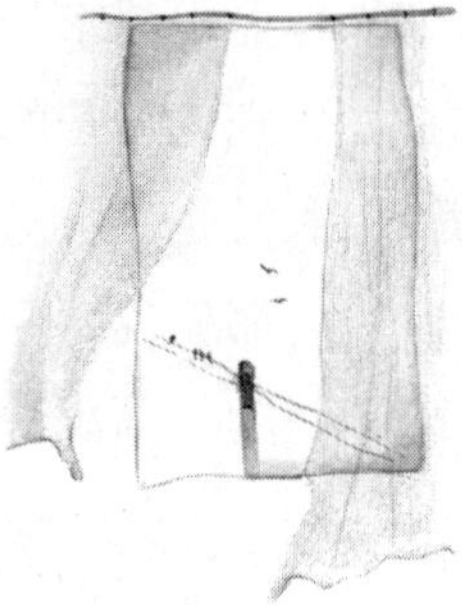

小布朗扔木炭

那一年，小布朗只有七岁，还在小学上学。一天放学后，他跑回家，却不进屋子，只是在院子里走来走去，一副气乎乎的样子。他父亲正在干活，看到小布朗生气的样子，就问他发生了什么事情。

小布朗很不高兴，他气冲冲地告诉父亲："今天兰斯惹我生气了，他在许多朋友面前笑话我，让我丢尽了脸。我一定要找个机会，好好地收拾他一下，让他也倒个大霉。"父亲一边干活，一边静静地听小布朗发完牢骚。然后，父亲找来一件破旧的白衬衫，把它挂在树枝上，然后又找来一些黑木炭，递给小布朗，让他站得稍微远些，对他说："你把那件衬衫当做是兰斯，把这几块黑木炭往他身上扔。"小布朗很高兴，他拿起木炭就向"兰斯"砸去。可是，由于他站得比较远，许多木炭都没能扔中衬衫。

父亲看他扔完了，就问他："你现在觉得怎么样？"小布朗觉得心里舒服多了，就说："挺累的，胳膊都酸了，不过我很高兴，衬衫上有好几个黑点。"

父亲知道小布朗没明白他的意思，就让他去屋里照照镜子。小布朗来到镜子跟前，不禁被镜子里的自己吓了一跳：除了牙齿，自己的脸上、身上到处是黑点。

小布朗没想到会是这样，他回过头来看了看父亲，只见父亲正笑着看着他。

"爸爸，为什么会这样？"小布朗不解地问父亲。

"过来，儿子，我给你讲个故事。"父亲说。

"在古希腊的神话中，有一位力大无比的大英雄，他的名字叫海格力斯。一天，他走在坎坷不平的山路上，发现脚边有个袋子似的怪物，海格力斯觉得很碍脚，就踢了那怪物一脚。谁知那东西不但没有移开，反而加倍地膨胀扩大。海格力斯非常恼怒，就从地上拾起一根又长又粗的木棒向它砸去。这下可坏了，那怪物竟胀得越来越快，不一会儿，就把路完全堵死了。

“正在海格力斯想办法制伏这怪物的时候，一位圣人来到了海格力斯的面前，他对海格力斯说：‘快点儿远离它吧！’

“‘它是什么东西，我为什么要离开它。我可不怕它，我有的是力气。’海格力斯不甘示弱地说。

“‘它叫仇恨袋，你若不碰它，它就像你刚开始看到的那样小，你若侵犯它，它就会膨胀起来，挡住你的路，和你对抗到底！最后让你无路可走。’

“儿子，人与人相处，难免会发生一些摩擦，如果你一味地寻求报复，那么仇恨就会像个怪物一样在你的心中膨胀，这不但不能解决任何问题，还会无端地为你自己树一个敌人。记住，多一些宽容，你的人生之路就会少一些坎坷。”小布朗的父亲一边用毛巾擦着儿子脸上的黑色炭痕，一边语重心长地说。

自此，布朗再也没有跟别人生过仇怨，而他的人生道路也似乎格外顺畅起来。

Zhesixiaoyu
哲思小语

我们不能因为跟别人有了一点儿矛盾就想去报复别人，如果这样，那么我们在伤害别人的同时，也会伤害到自己。

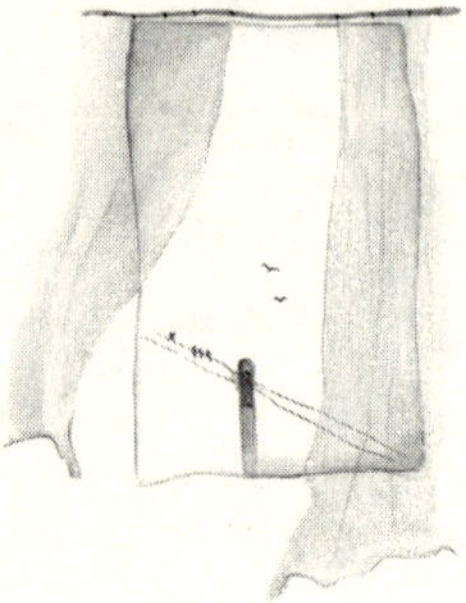

生命的涟漪

在我小的时候，爷爷经常带着我在田埂上散步。一天，爷爷把我带到了一个池塘边。池塘的水面平滑得像镜子一样，我能清楚地看到自己的影子。这时，爷爷从地上捡起两颗小石子，递给我说：“你用力把它们扔到水里去。”我把两颗石子丢到水中，水面上马上荡起了两圈波纹，很快地向四周扩展开来。不一会，两圈波纹相撞了，碰撞的地方，水晃得更厉害了。

这时，爷爷对我说道：“看到没有？一个石子产生的波纹会影响到另外一圈波纹。其实，这个石子就像我们人一样，我们心里的一些想法，说出来的一些话，做出来的一些事情，都会影响到我们周围的人。如果你做的是好事情，别人就会感到快乐，感到高兴；如果你做的是不好的事情，那么别人就会觉得生气，觉得不高兴。所以，你要对你所想、所说、所做的事情负责。”

Zhesixiaoyu
哲思小语

我们常常因为外界的影响，而变得高兴或是忧伤，欢喜或是愤怒。当我们产生这样的情绪时，就会在无形中影响到他人。如果我们向他人传递快乐，那么我们周围的人也会变得快乐起来，反过来我们自己也会变得更加快乐，因此，快乐就总能包围着你。

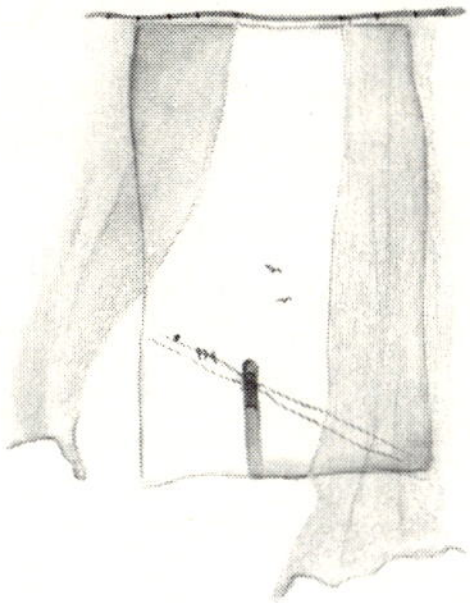

海 星

广阔的大西洋海岸上住着一位老人，每天在潮水退去之后，他都会沿着海滩走来走去。离老人家不远的地方住着另外一个人，他偶尔会看着这位老人消失在远处后，又走回来；他观察到，这位老人时常走着走着便弯下腰来从海滩上拾起什么，再抛到大海里。他感到很纳闷，很想知道其中的缘由。

一天，当老人又一次沿着海岸行走的时候，他的邻居出于好奇，便跟在老人后面，想看看老人到底在做什么。他仍然看到老人弯下腰，拾起什么东西扔进了大海。当老人再次停下来的时候，这位邻居急忙上前一步，这一次他看清楚了，原来老人正在拾一只被潮水冲到岸上的海星。如果不是这样的话，这只海星等不到再次涨潮就会因脱水而死。当老人返回的时候，这个邻居用一种嘲弄的口吻对老人说道："嘿，老伙计！你在做什么呢？你难道不知道这个海滩有数百英里长吗？每天都会有成千上万只海星被冲上岸！你不觉得你每天只是扔回去几只海星实在没有什么意义吗？"

老人并没有立即回答，他停顿了一会儿，把手中的那只海星拿到邻居眼前说："但对这只海星来说却非常有意义。"

Zhesixiaoyu

哲思小语

在现实生活中，我们时常会慨叹自己的渺小，常会以"没有意义"为由而放弃努力。诚然，我们每个人的力量都很有限，谁也不能普度众生，但是，这份力量对于受到我们帮助的人却非常有意义。举手之劳，或许会改变另一个人的一生。

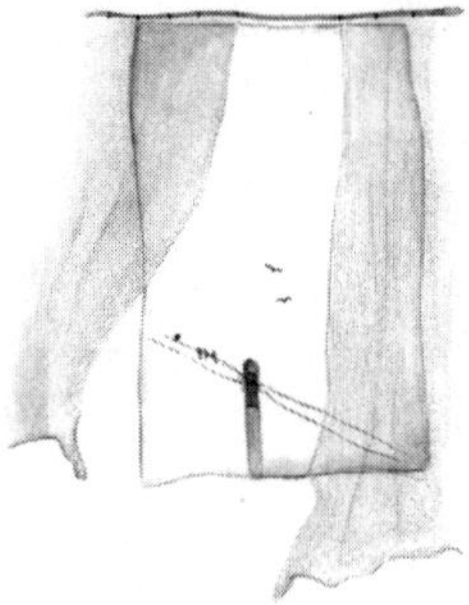

误 会

那天天气很热，即使商场开着空调，身穿制服的阿德还是觉得热得透不过气来。他刚接班不久，就看见一个身材肥胖、满脸雀斑的妇女气势汹汹地朝他走来。

“你看怎么处理吧，他偷了我的钱。”妇女尖叫的嗓音立即招来了许多看热闹的人。阿德这才发现，她的手里还拽着一个六岁左右的小男孩儿，旁边紧跟着一个小女孩儿。“唉，刚接班就遇到这种事，”阿德心里嘀咕着，“这种事拖的时间越长，对超市越不利，得尽快解决。”

“怎么回事？”阿德问道。“他偷了我的钱。”那个女人有点儿过分激动，一个劲儿地重复着这一句话。这让阿德有点儿奇怪，不就是10元钱嘛，况且钱已经找到了，哪至于动这么大的肝火。

“你亲眼看见他拿的吗？”

“我没亲眼看到他偷钱，”那妇女唠叨着，“我把钱放在柜台上，转身去看别的东西，就这几秒钟，钱就跑到他的手里了，这不明摆着是他偷的吗？”

这时，阿德发现那个小女孩儿正用一双美丽的蓝眼睛静静地看着他。这纯真而无助眼神让阿德的心动了一下。“钱是你拿走的吗？”阿德弯下腰轻声地问男孩儿。

小男孩儿抬起头迅速地看了阿德一眼，接着紧闭嘴唇，轻轻地点点头。

“你几岁了？”“7岁。”

“她是你妹妹？”男孩点了点头。

“她多大了？”

男孩儿抬眼看了看妹妹,“3岁。阿德看着这两个无助的孩子,心里不阿德看着这两个无助的孩子,心里不由得涌起一股怜惜之情。“让我们去现场看看吧。”男孩儿紧拉着小女孩儿的手,跟着大人们向前走着。

来到收款处的柜台时,突然有一阵风吹过来,这让阿德觉得凉爽些了。阿德回转身一看,柜台后面有一只风扇。原来由于收款处接近出口,比里面更热,就另设了风扇。

“你的钱刚才在哪儿放着?”阿德问那妇女。

“就在这儿。”妇女把10元钱放在柜台上的记账本旁边。

“喜欢吃糖吗?”阿德边问小女孩边从兜里掏出几块糖。小女孩疑惑地扑闪着那双美丽的蓝眼睛,点了点头。阿德把糖放在了10元钱上。

“来,你拿到了就给你吃。”小女孩踮起了脚尖,竭力伸长了手臂,可还是够不着。阿德把糖拿给了小女孩。

“你这是什么意思?你是说不是他们偷的吗?我不跟你争辩了,快领我去见你们经理……”妇女又嚷了起来。

阿德没有理会,他正注视着那10元钱,柜台后面的风扇吹着它,它滑动了一下,然后从柜台上飘落了下来。

钱落在了小女孩的脚前,小女孩看着钱,她犹豫了一下,还是弯腰捡起来递给了哥哥,男孩接过钱立即递给了阿德。

“刚才也是妹妹把钱给你的吗?”

男孩点了点头,眼里涌出了委屈的泪水。

“你知道钱是从哪里来的吗?”

男孩使劲地摇了摇头,终于忍不住大声哭了起来。

“那你为什么要承认钱是你偷的呢?”

“她……她是我妹妹,”男孩哽咽道,“我知道,她从不偷东西的……”

Zhesixiaoyu

哲思小语

在生活中我们总会对这样的错误,不深究其本质,仅凭一个现象去判断问题的对错或是轻易地下结论。当你发现事情的本身并不是你估计的那样时,你可能已经伤及无辜。所以,我们不能仅凭事物的表象就轻易下结论,而要多问几个为什么。一个人的行为背后常常会有更深层次的原因。因此,在我们对人、对事下结论时,一定要慎重,以免造成更大的过错。

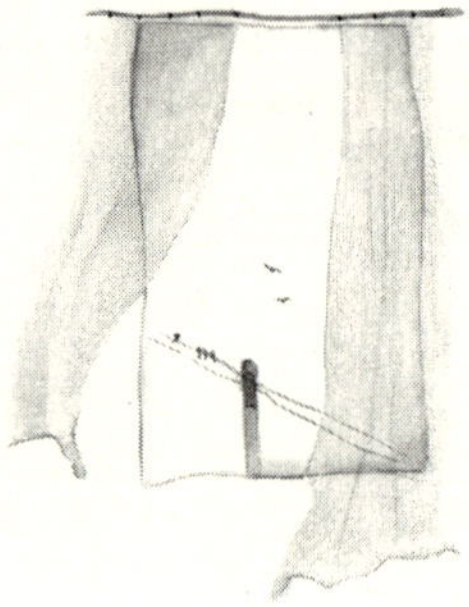

沙漠之花

在一个到处都充满着干燥与哀败景象的沙漠中，开着一朵小花……她孤零零地生长着……享受着每一天……她对太阳说："我何时才能长大呀？"

太阳回答说："不要急，我的光芒每触碰你一次，你就长大一点儿……"小花听了非常高兴。因为她可以有机会为这片沙漠增添一处美景了……这就是她想要做的一切——为这个世界带去一点儿美丽。

一天，一个猎人路过这里，从她身上踏了过去。她就要死了，她感到如此悲伤。她之所以悲伤，并不是因为她将要死去，而是因为她再也没有机会为这片沙漠增添一处美景了。

一个伟大的精灵看到了她，并听到了她的诉说。事实上，他说："你应该活下去……"于是，他抚摸着她，并赐予了她生命。

后来，她终于长成了一朵美丽的花儿，这片沙漠也因她的存在而变得分外美丽。

Zhesixiaoyu
哲思小语

一朵小花虽不起眼，但它心中想做的却只有为世界增添一抹美丽。它在寻求一个有价值的人生，而它的努力也必将能打动一切的生命。

圣诞心愿

上课铃声响了，同学们纷纷向教室跑去。三年级的艾米也匆匆向教室走去。当她刚刚走到通往教室的大厅拐角处时，恰巧撞到了一位迎面跑来的五年级高个子男生。

“小心点儿，你这个不知天高地厚的家伙！”男孩儿一边嚷着，一边从艾米身边绕了过去。当他看清是艾米时，他的脸上露出诡异的笑，然后便踮起右脚，学着艾米走路时一瘸一拐的样子。

艾米只得把眼睛闭上不去看他，但是泪水却趁机涌出了眼眶。

她不停地在心里对自己说：这没什么，不要在意他，不要在意他！然后擦干眼泪走进了教室。

然而，直到这一天即将结束，艾米仍然闷闷不乐，她一直在想着那个男孩儿对她的戏弄，她的脑海里不断翻腾着那个男孩儿学她一瘸一拐走路的样子。已经不是第一次发生这样的事情了。自从艾米升入三年级后，每天都会有人戏弄她。有时是因为艾米的讲话，有时则是因为她腿上的残疾。艾米对此早已心生厌倦。有时，即使是其他学生都在班级里，艾米也会因同学的戏弄而感到孤独无助。

回家后，艾米没有跟家人打招呼就钻进了自己的房间，吃晚餐的时候她也一言不发。细心的妈妈猜到她一定是在学校遇到了什么不开心的事情，但她不敢问艾米到底出了什么事，怕触及女儿的伤心处，于是，她就特意告诉女儿许多令人兴奋的消息。

“广播电台正在举办一次圣诞心愿比拼大赛，”艾米的妈妈高兴地说道，“给圣诞老人写信，不但可以诉说自己的心愿，或许还能从中获得什么奖励呢。我认为坐在桌边的那个有着金色卷发的女孩儿应该参加哟。”

艾米听了，脸上露出了笑容，这个比赛听起来倒蛮有趣的，也许可以试试。圣诞节最想得到什么样的礼物呢？她陷入了遐想中。

没过多久，艾米似乎有了灵感，她不由自主地笑了。艾米找来了纸笔，坐在桌旁开始认真地写了起来：“亲爱的圣诞老人……”

艾米把自己最美好的心愿写在了信上，家人都猜想着艾米会向圣诞老人要什么样的圣诞礼物。艾米的姐姐和妈妈一致认为，一个三英尺高的芭比娃娃一定会是她的首选。艾米的爸爸则认为，她会选择一本图画书。艾米在一旁听了，禁不住笑了，但此时她还不打算把自己的圣诞心愿公之于众呢。其实，艾米当天晚上写给圣诞老人的那封信是这样的：

亲爱的圣诞老人：

我的名字叫艾米，今年九岁了。我一直是个很乖的孩子，从来也没有招惹谁，可是，现在我在学校里遇到了麻烦，您能帮助我吗？就因为我曾患过小儿麻痹症，小朋友们总是会因为我走路、跑步或是说话的样子而嘲笑我。在我的心中，您是天下最慈祥的老人，在此，我有一个小小的心愿，我希望能有一整天的时间，没有任何小朋友嘲笑我或是捉弄我。您会帮我实现这个心愿的，是吗？

爱您的艾米

位于印第安纳州韦恩堡的WJLT广播站一时间收到了许多参赛信件。工作人员正在为拆看来自不同城市的信件忙得不亦乐乎。当艾米的信件被邮递到这里的时候，工作人员意识到这是一封不同寻常的信，于是，马上把信转到了经理办公室。经理托宾·里仔细地阅读了信后，内心无法平静。他很清楚，小儿麻痹所造成的肌肉功能紊乱会使人无法像正常人一样生活。艾米的同学们可能无法理解她的痛苦，而给她造成了许多伤害。托宾先生决定，应该让韦恩堡的听众们知道这件事情，让人们听听一个三年级小朋友有着怎样一个非比寻常的心愿。于是，托宾先生立即给地方报纸打了一个电话。

第二天，艾米的照片和她写给圣诞老人的信成了新闻的头版头条。这篇文章很快便得到了大家的关注。全国的报纸、广播、电视都相继报道了艾米的故事。一个印第安那州韦恩堡市的小女孩儿的圣诞心愿竟然会如此简单，但却语出惊人——仅仅是渴望度过不被人取笑的一天。

一时间，信件像雪片般飞来，邮递员成了艾米家的常客。各种大大小小的信件都是全国各地不同年龄段的人写给艾米的。信中，人们都表达了对艾米的节日问候，并附上了一些鼓励的话语。

在那个令人难忘的圣诞节，两千多封包含着友谊与支持话语的信件从世界各地邮递到艾米家。艾米和家人把所有的信件都一一看过了。有些寄信人自身也有残疾，其中许多人有着与艾米相同的经历。每一封写给艾米的信都有着特殊意义。虽然，这些信件与卡片都是陌生人寄来的，但艾米这时却感到自己生活在一个团结互助的国家之中。艾米觉得，她再也不会因为少数人对她的嘲笑而感到孤独无助了——她看到了一个真正充满爱的世界。

有许多人是因为敬佩而提笔给艾米写信的，因为，她能够勇敢地把自己的心声向大家说出来。还有许多人鼓励艾米不要在乎别人的取笑，要专心学习，使自己成为一个高智商的人。林恩，一个得克萨斯州的六年级小学生，给艾米写下了这样一封信：

“亲爱的艾米，我很愿意与你做朋友，”她写道，“如果我们能在一起，一定会非常开心。那时，没有人会取笑我们，当然了，如果真的有人那样做的话，我们就可以对他们的话充耳不闻。”

艾米的心愿达成了，她得到了一份完美的礼物——整整一天，没有人嘲笑她。事实上，从那以后，再也没人嘲笑她了。

在南部的韦恩小学——艾米就读的学校，每个人都上了一堂有意义的课。老师和学生一同讨论了嘲笑别人会给别人带来怎样的感受。

就在那一年，韦恩堡城的市长将 11 月 11 日作为全城的艾米·乔·哈伽登日，并为此发表了演说。

市长发言说，一个小女孩敢于大胆地说出自己的心愿，而正是她的心愿，为所有的人上了发人深省的一课！“每一个人，都希望能够得到他人的尊重，能够拥有自己的尊严，并得到他人的关心。而事实上人人都有这样的权利！”在演说的结尾，市长动情地说。

Zhesixiaoyu

哲思小语

每个人都拥有尊严并渴望得到他人的尊重。如果我们把拥有尊严和渴望他人的尊重当做一种权利而不是奢望，那么，我们就会生活得更自信一些，更能尊重别人一些。因为，我们既可以理直气壮地捍卫自己的权利，也能设身处地地尊重别人的权利。

上帝的影子

那时，我还在上高一。一天，我看到我们班的同学凯尔正步行回家。看样子，今天他似乎要把所有的书都背回家去。我禁不住想：怎么会有人在周五就把所有的书都带回家去呢？他一定是个书呆子。而此时，我的周末计划却安排得十分详尽：先是参加派对，然后在第二天下午和朋友们踢足球。想到这儿，我耸了耸肩，继续走我的路。

正走着，我突然看见一群孩子朝他跑了过去。他们追上了他，把他怀里的书都抢来扔到地上，还把他绊倒在地。结果，他摔在泥地里，眼镜也被打飞了，落在离他十英尺远的草地上。他抬起了头，眼中充满了极度的悲伤。

此时，我的心不由自主地被触动了，于是小步向他跑了过去。在他趴在地上找眼镜时，我看到了他眼中的泪水。

我帮他拾起了眼镜并递到他手上，说："他们都是些愚蠢的人，早晚会得到报应的。"

他看了看我，说道："嗨，谢谢你了！"这时，他的脸上才露出了笑容。显然，这笑容传递着他内心的感激之情。我帮他拾起了书，又问他住在哪里。我从他的回答中得知，他住的地方离我家很近。于是我问他，为什么从前未曾见过他。他回答说，在来这所学校读书之前，他上的是所私立学校。

以前，我从不与私立学校的学生来往，但这次，我却帮他拿着书，陪着他一路聊着回家。一路上，我发现他其实是个很不错的人。我问他是否可以与我以及我的朋友们一起踢足球，他答应了。整个周末，我们两个都在一起。渐渐地，我对凯尔的了解越来越多，并且越来越欣赏他。我的朋友也一样。周一的早晨，他又一次想背起那个沉重的大书包。我制止了他，说道："为什么这么傻啊，你每天都背这么一大堆书，是想要练就一身强壮的肌肉啊！"听了我的话，他只是笑，然后把一半书递给了我。在接下来的四年里，我与凯尔成为了最好的朋友。

升入高年级后，我俩开始考虑上大学的事情。凯尔决定去乔治敦，而我则想去杜克。我知道，我们永远都是最好的朋友，距离绝对不会是问题。他想成为一名医生，而我则想用足球奖学金经商。我总是开玩笑说他是个书呆子。

凯尔是我们班致告别辞的代表，他还必须为毕业准备一个演讲。我很庆幸站在讲台上演讲的那个人不是我。

毕业的日子终于来临了——我看到了凯尔，他看起来好极了。他是在高中生活中真正把握住自己的那种人。他变得成熟了，实际上他戴着眼镜显得更好看。他的约会比我的还要多，似乎所有的女孩儿都喜欢他。

这个男孩儿啊！我觉得自己有些嫉妒他了。事实上今天就是这样。我能看得出他对这次演讲有些紧张。因此，我拍了拍他的背说道："嗨，小家伙，你是最棒的！"

他看了看我，脸上再次露出了感激之情，并且笑着说："谢谢。"演讲开始了，他清了清喉咙，开始讲话："毕业的时候，正是你应该借此感谢那些帮你度过最困难时期的人的时候。这其中包括你的父母、老师、兄弟姐妹，也许还有你的指导老师……但最主要的是你的朋友。在这里，我想告诉你们的是，做别人的朋友是你能给他们的最好的礼物。在此，我想给你们讲一个故事。"我吃惊地望着我的朋友，真令人不敢置信，他所讲的正是我们第一天相遇的事情。事实上，他本来打算在那个周末自杀，他谈及自己当时是如何把课桌收拾干净、把所有的东西都带回家的。他还说，这样做，妈妈以后就不用再帮他收拾了。他看了看我，给了我一个微笑。"谢天谢地，我仍然活着。我的朋友阻止了我，让我没有做出那种后果不堪设想的事情。"

当这位深受大家喜爱的帅气的男孩儿告诉我们他最脆弱时候的事情时，我听到人们都深吸了一口气。我看到他的爸妈都在看着我，他们的脸上也带着同样的微笑。直到那时，我才意识到凯尔对我的感激之情是怎样的刻骨铭心。

决不要低估你的行为所具有的力量，仅仅因为一个举动就会改变他人的一生，无论是好是坏。上帝让我们走进彼此的生命，在某种程度上影响着对方。我们应该在他人的身上找到上帝的影子。"朋友就是天使，当我们拥有翅膀却不知如何去飞翔的时候，他们能够帮你站起身来。"

事实上，根本不存在所谓开始或是结束……昨天已成为历史，明天则是个谜，只有今天才是上天给我们的礼物。

Zhesixiaoyu

哲思小语

当一个人充分展示隐藏于灵魂深处的美德时，他的身旁便有上帝的影子相随。上帝让不同的陌生人互相靠近，互相影响，就是为了让我们在彼此的身上发现他的影子。因此，只要我们学会互相关爱，也就找到了上帝的影子。

一杯牛奶

有一天，一个贫穷的小男孩儿霍华德·凯利正试着挨家挨户地推销产品，想通过这种方式为自己挣够学费。然而，他却发现身上只剩下一角钱了。他非常饥饿，所以决定向下一户人家讨口饭吃。

可是，当一个美丽的年轻女子把门打开的时候，他却没有勇气开口。他没有讨饭，只是请求女子给他一杯水。女子看到他饥饿的样子，就给他倒了一大杯牛奶。他慢慢地将牛奶喝完，问道："我该付给你多少钱呢？"

"你什么都不用付，"女子回答说，"我的妈妈教导我，要对人施以善心，但却不要索取回报。""那么就请接受我由衷的感谢吧。"霍华德·凯利说完后离开了那户人家。此时，他不仅感到身体充满了力量，而且唤起了他对上帝和人类的信心。在这之前，他本来想要放弃了。

数年后，从前的那个年轻女子患上了一种罕见的病，当地的医生对此无计可施。最终，她只好来到大城市治病，在那里，专家们特地为她进行了会诊。此时，早已声名远扬的霍华德·凯利医生，也参加了此次会诊。当听到他曾去过的那个城填的名字时，他的眼中充满了一种奇异的光芒。于是，身穿白制服的他立即起身直奔那女子的病房。

果然不出所料，他一眼便认出了她。于是，他又回到了会诊室，决定要想尽一切办法挽救她的生命。从那天起，他对这个病人给予了特别的关照。

经过他的努力，女子终于获救了。霍华德·凯利医生被请到办公室，为女子医药费单作批示。他看后便在单上写了几笔。医药费单被送到了女子的病房。她很害怕打开它，因为她确信，自己就算是用尽余生力量都很难偿还这笔医药费。但她最终还是打开了，此时，收费单一侧的字让她惊呆了：

费用已付，一杯牛奶。

霍华德·凯利医生

顿时，喜悦的眼泪夺眶而出，她默默地祈祷着："谢谢您，上帝！您的爱已通过人类的心灵和双手传递给了我。"

Zhesixiaoyu

哲思小语

很多人以为，有些爱是微不足道的。事实上，即使是一声亲切的问候，一次善意的安慰，甚至仅是一杯平凡无奇的牛奶，只要通过爱的心灵和双手传递下去，也能让人重获光明和希望。

与上帝交谈

每个人的心中都存在着一位上帝。如果你想与之交谈，他就会出现。

在越南胡志明市我们居住的旅馆外面，有一位装束酷似古代人的老妇人，她常常拄着拐杖，伸着手在门口等着。每天，当我的目光与她的目光交汇时，我总会把手放在她的手里。她立即对我报以微笑，与我握手，并向我表示问候。

在我们参观的最后一天，我独自一人在旅馆对面街道上的一个喧闹的角落里徘徊。自行车和摩托车在我面前急速行驶。有人建议我们径直穿过车流，不必向两侧看，以免被飞速行驶的车辆撞倒。

可到了晚上，当我独自面对洪水般的车流时，还是感到非常不适应。正当我在街头犹豫不决的时候，我感到有人碰了一下我的胳膊。我转头一看，原来是那个身材矮小的乞丐朋友，她正微笑地望着我。她朝大街上点了点头，示意我跟着她过马路。她轻轻地推着我向前走，我们就这样慢慢向十字路口走去。到达十字路口时，我再次看了看她，情不自禁地说了一句："您的微笑是世界上最美的！”

我看得出，她不懂英语，但她一定可以从我说话的语调中判断出我的意思，于是她把拐杖丢在一边，张开双臂拥抱我。此时，身边的车辆依旧如洪流般飞速行驶着。

随后，我们缓步向人行道走去。到达人行道后，她在我两颊分别吻了一下，然后步履蹒跚地向前走去，并不时地回头向我微笑、挥手。

我从未给过她一分钱，但我们却共同体验了这份真情，这比一切都更有意义。

这段经历让我想起特蕾莎修女曾经说过的一句话："如果你无法做出伟大的事情，那就用伟大的爱心做点儿力所能及的小事吧！”

用眼睛和微笑面对乞丐，尊重他们，这都是很小的事情；把你的手放在别人伸出的手中，紧紧地握一下，这也是小事情；学会用当地的语言说句问候语也并非难事；但是，这一切都很有意义。

从某种角度来说，对于伸出手来的乞丐，给他们金钱并不是最好的回应。许多游人发现他们所给予的最好礼物是他们的时间和友情。因为，每个人都需要认同，需要关注，需要感激和关爱。

到一些贫穷的国家旅游时，我曾亲身体验了与乞丐打交道的多种方法。事实上，面对穷人，人们最普遍的做法便是不理不睬，或假装将注意力转向别处；更有甚者，不屑地把向他们伸过来的手推开；还有一些人急匆匆地把几个硬币丢在他们乞求的手掌里，然后便快速离开，生怕会有二十几个衣衫褴褛的乞丐围上来。

尽管我目睹了这一切，我依然认为，按照英国作家波伊斯所说的那样生活是非常有价值的。他说："如果一个人没有对他人怀着莫大的兴趣，那么他就不能称自己是个真正的文明人。”

我曾在印度普虚卡骆驼节上见过一个缺失双腿的残疾人坐在马路边，当时，我刚录完舞蹈家普虚卡的音乐，正准备回到帐篷里仔细听听。就在那时，我被他的微笑吸引住了，于是就走了过去……我们用手语交谈，并不时地发出一阵阵笑声——如果要在这个世界上流浪，这些都是需要掌握的。

模仿了旋转的裙子和鼓槌后，我告诉他录音机是如何运行的。他示意我要我把录音机给他看看，我稍作犹豫便递给了他。他仔细地看了看，随即便唱起歌来。那歌声优美动人，令人难以忘怀。他向我示意把他的歌声录下来，这样就可以将我们共同度过的美好时光带回家去。

不久之前，我们还是陌生人。只一会儿的工夫，友谊的力量便把我们紧密联系在一起，我们因生活在同一个地球上而结为朋友。我的经历证实了斯堪的纳维亚的一句谚语：“每个人的心中都存在着一位上帝。如果你想与之交谈，他就会出现。”

我已懂得，那些被认为是世界上最绝望的人却最富有人性，他们的心灵渴望被认同，也乐于作出回应。

与平凡的人保持联系，使我的生活变得丰富多彩。每当我交到了新朋友，我都发现，自己所收获的一切是金钱无法买到的。而且我坚信，每个人都是有价值的——值得你去用心了解。

Zhesixiaoyu

哲思小语

用一双友爱的手去帮助你身边的每一个人，你会发现，每一个人都充满温情；用一双纯真的眼睛打量这个世界，你会看到，世界是如此美丽；用一颗善良的心去拥抱你的生活，你会感到，生活是如此精彩。正如文中所提到的那样，每个人的内心都存在着一位上帝，只要你怀着一颗关怀之心，你就随时在同上帝交谈。

二十美元

在我十几岁的时候，有一次父亲带我去看马戏团的表演。当时排队买票的人很多，而且队伍排得很长。我们一直等啊等，最后排队买票的只剩下一家人了。这一家人留给我的印象极为深刻。这个家庭有八个孩子，年龄大概都在十二岁以下。显然这不会是个富贵人家。他们的穿着打扮看起来并不华贵，但却十分整洁。孩子们的举止都很文明，他们俩俩一排，手牵手站在父母身后，正兴奋地谈论着马戏团里的小丑、大象，等等。即便是凭感觉，人们也能轻易判断出，这几个孩子一定从未看过马戏表演，所以，他们一定会度过非常开心的一天。他们的父母得意地站在最前面。孩子们的妈妈牵着丈夫的手，抬头看着他的脸，好像在说："你就是我心目中那个穿着闪亮盔甲的骑士。"那位父亲的脸上洋溢着笑容，满脸自豪地看着妻子，好像是在回答："你说的没错。"当售票员问他想买几张票的时候，他得意地回答说："请给我八张儿童票、两张成人票，我要带一家人去看马戏。"售票员听了他的话，随即报出了票价，但那位妈妈听后却突然松开了紧握丈夫的手，不由得低下了头。那位父亲的嘴唇也开始有些颤抖，他向前靠了靠，问道："你刚才说多少钱？"售票员又重新把票价说给他听。显然，这个男人兜里的钱根本不够。可是他如何对身后的八个孩子说呢？难道要告诉他们，因为没带够钱而不能去看马戏？就在这时，我父亲把手伸进了衣兜，拿出了二十美元扔到地上（我们绝不是什么有钱人家）。接着，父亲弯下身子把地上的钱拾了起来，拍了拍前面那位父亲的肩膀，说道："打扰了，先生，这是从你口袋里掉出来的。"这位父亲完全明白事情的真相。他并不是在向任何人乞求施舍，但他一定会感激在这种绝望、伤心，甚至是尴尬的情形下向他伸出援手的人。他看着父亲的眼睛，握住了父亲的双手，也握紧了那二十美元。他的嘴唇再次颤抖起来，一滴眼泪从他的面颊滑落。他激动地回答说："谢谢，谢谢您，先生!您实在是帮了我和我们全家一个大忙。"

然而在这之后，我却和父亲开车回了家。虽然那天晚上我没有看上马戏团的表演，但我却不虚此行。

Zhesixiaoyu

哲思小语

在别人绝望、伤心，甚至是尴尬的情况下，向他伸出援助之手，那将是对他最有意义的帮助，而施与者也会获得一种心灵的快慰，正所谓"赠人玫瑰，手留余香"。

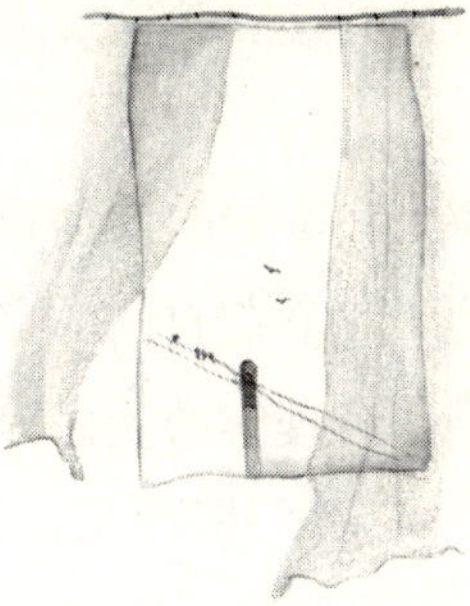

微 笑

穷人是非常了不起的。一天夜里，我们外出的时候，从街上带回了四个人，其中一个已经奄奄一息了。我告诉其他的姐妹：“你们去照顾另外三个人吧，这个垂危的人由我来照顾。”我为她做了我所能做到的一切。当我把她抱到床上躺下后，我看见她的脸上呈现出了美丽的微笑。她拉起我的手，只对我说了声“谢谢”就离开了人世。

在她面前，我禁不住审视着自己的良知，我问自己：若是处在她的位置上，我又会说些什么呢？答案很简单：我会试着引起别人对我的一些关注。我会说我很饿，我快要死了，我很冷，我很痛苦，或是其他的诸如此类的话。她虽然只说了两个字，却给了我更多的东西——她把那份充满感激之情的爱送给了我。她是带着微笑离开人世的。我们从排水沟里带回来的那个男子也是如此。他的身体有一半都爬满了蛆虫，我们还是把他带回了家。“在街上，我像动物一样活着，但在我即将离开人世之时，却能够像天使一样，被人爱护和关心着。”这真是让人感到欣慰，他能够那样说，那样心满意足地死去而不责备任何人，不诅咒任何人，不斤斤计较，他真是个了不起的人。他如同一个天使一般——这是我们人类的伟大之处。这就是为什么我们相信耶稣说过的话：“我很饥饿，我衣不遮体，我无家可归，我无人需要，我不被人爱，我不被人关怀，而你却为我做了这一切。”

我想，我们还算不上是真正的社会工作者。也许在众人眼中，我们正在做着社会工作，但实际上，我们只是在世界的心中作祈祷。因为，全天二十四小时我们都在基督教会……我想，在我们的大家庭中，不需要用枪和炮去破坏或是争取和平，我们只要团结起来，彼此相爱，把和平、欢乐，还有家庭成员彼此间的力量都重新带回这个世界，这样，我们就能够战胜这世上所有的邪恶。

我打算用自己所得的世界和平奖的奖金来为那些无家可归的人创建自己的家园。因为我坚信，爱来自于家庭。如果我能为穷人建立起自己的家园，那么我相信，爱会延伸开来，我们可以通过这种充满宽容理解的爱去为那些穷人带去和平的喜讯。首先是为我们身边的穷人，然后就是我们的国家，乃至全世界的穷人。

为了能够做到这一点，我的姐妹们啊，我们的生活必须与祈祷紧密相连，必须同耶稣紧密相连，才能够彼此理解，一同分享。因为在当今的世界上，还充满着许多的苦难……每当我从街上带回一个饥饿难耐的人，送给他一碗饭，或是一片面包时，我就会得到莫大的满足。因为我已驱走了他身上的饥饿。但是，如果一个人被拒之门外，惊恐万分地感到自己不为所需，不为所爱，被社会所抛弃——那样的贫穷就充满了伤害，让人无法忍受……所以，让我们以微笑待人吧，因为微笑是爱的源泉，一旦我们开始自然地彼此相爱，那么，我们也就会自然地想要为彼此奉献。

Zhesixiaoyu
哲思小语

给予，对一个有责任感的人来说是一生莫大的幸福。当我们走在大街上，看到一些需要帮助的人时，无论他们是贫穷，还是幼小；是残疾，还是耄耋之年，在我们伸出手给他们帮助之时，我们所得到的不仅是他们无尽的感激，更重要的是我们与他们一同分享了心灵的快乐与慰藉。

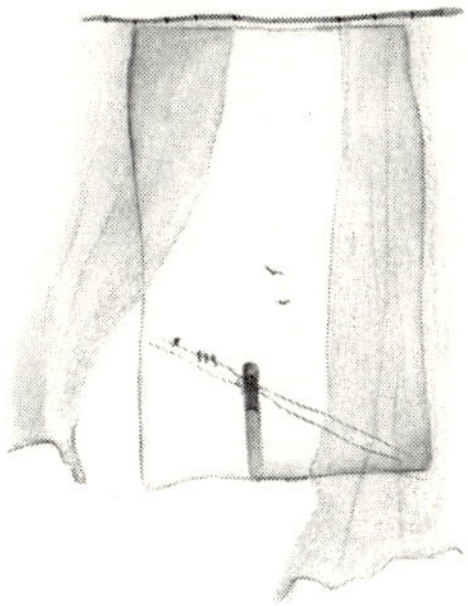

施恩莫望报

从前，在爱尔兰的一个小镇上，住着一对父子。父亲是小镇上的裁缝，虽然小镇上人口不多，生意清淡，但因为他手艺精湛、为人和善，人们都乐意照顾他的生意，日子倒也不是很拮据。儿子乔丹正在上中学。每天放学以后，乔丹就到父亲的小店里帮忙。他的主要任务就是把顾客们送来的衣服或布料做上记号，然后把取衣票拿给顾客。做完了这些工作以后，乔丹就会站在窗口朝街上张望。他喜欢看街对面那熟悉的小酒店、小面包房，还有街上来来往往的行人。小镇上的人都认识这对父子。当有人路过他们家小店，看到东张西望的乔丹时，都会停下来，热情地跟他打个招呼，乔丹也会对他们笑一笑，以示回应。不过，有一个人很特殊，他从来不跟乔丹打招呼，甚至从来也不看他一眼。

他叫胡弗，是镇上有名的怪人。他一年四季都戴着一顶黑帽子，穿着一件破旧的黑皮夹克，脚上穿着一双开了线的黑靴子，成天把自己裹得严严实实的，因此，大家都叫他"装在套子里的人"。胡弗成天游手好闲，白天在街上东走西逛，到了晚上乔丹父子快要收工休息的时候，他就会来到小店里，向乔丹的父亲要钱。

这天，快到收工的时间了，乔丹又看见胡弗慢慢地朝着小店走来，他急忙大声对父亲说道："爸爸，咱们赶紧关门吧。"他以为胡弗听到他的话后就不会再走过来，但是胡弗仿佛没有听到他的话似的，还是径直走过来了，他推开门，大模大样地进了屋。乔丹闻到胡弗身上发出一股难闻的味道，他连忙转过身去，装作没看见胡弗。这时，乔丹听到胡弗对他的父亲说道："我这几天没钱了,你能不能借我几块钱?"父亲马上从口袋里找出两块钱来,对胡弗说:"拿去吧,不过别再去买酒喝了,给孩子买儿点面包和牛奶吧,别让他们饿着。"胡弗点点头,道了声谢就走了出去。父亲来到窗边,关切地望着远去的胡弗,直到看着他走进面包房拎着一些牛奶和面包出来,他才关门休息。

乔丹已经记不清父亲有多少次这样做了,他也从来没有见过胡弗还钱,也从没听父亲抱怨过。乔丹长大后,忍不住问父亲:"以前您为什么总是借钱给胡弗?他可从来没有还过。而且,你明知道他借的钱大部分都拿去喝酒了。"父亲盯着乔丹看了一会儿,说道:"我在借钱给胡弗的时候,从来就没想过让他还,我只当送给他一些礼物而已。我只是在尽我的一点儿能力帮助他,并不希望得到他的回报。"

Zhesixiaoyu

哲思小语

真的帮助应该是一种发自内心的关怀,是一种自然而然的行为,它唯一的报答就是我们所体验到的快乐。如果你对自己的帮助有所期望,那么你最终得到的只会是失望。因此,如果我们有机会去帮助别人,一定不要想着得到回报。帮助他人不仅是一种善行,也是一种责任,如果想让别人报答你,那就不是真心的帮助。

最美的心

一天,一个年轻人站在城镇中央,宣称他拥有整个山村里最美丽的心。围观的人很多,他们都很羡慕这个年轻人。他那颗心上一点儿伤痕或瑕疵都没有,人们都认为这是他们见过的最美丽的心。年轻人非常自豪,听见大家的赞扬之声,便更加起劲儿地吹嘘起自己那颗完美无比的心来。

突然,一位老者出现在人群最前面,他对年轻人说:"你的心不如我的心美丽。"围观者闻听此言后都不约而同地朝老人的心看去。只见他的心正有力地跳动着,但上面却布满了伤疤,甚至有些地方还被挖走了。虽然缺失的地方已重新补好,但却无法重现原来的样子,留下了一道道疤痕。事实上,还有一些地方露出很深的豁口。

人们盯着老者的心,不停地想:他怎么能说自己的心是美丽的呢?年轻人看了看老者满是伤疤的心,不禁大笑起来:"你一定在开玩笑吧?相比而言,我的心是那么完美无瑕,而你的心却布满了伤疤和裂痕。"

"你说的没错,"老者说道,"你的心看起来似乎很完美,但我决不会把我的心与你的交换。你知道吗,我心上的每一处伤疤都代表着我为别人献出的一份爱——我掏出一块给他们，与此同时，他们也会把自己的心掏出一块赠予我，用来弥补我心灵空虚的地方。但由于我们互相赠予的心形状并不完全相同，所以当他人的心放在我心上时，伤口处就会留下疤痕。但我却十分珍惜这些疤痕，因为它们会让我想起我们共同拥有的爱心。有时我送出了自己的心，但别人并没有回赠，所以我的心上才会有这些很深的豁口。其实，将爱付出，就是在创造机会。

尽管这些豁口仍在隐隐作痛，并且它们始终敞开着，但这些豁口却能让我想起我曾付出的爱。我希望有一天，他们能回赠我，让我弥补心灵的空缺。你们现在明白什么叫做真正的美丽了吧？”

年轻人默默地站着，泪水已从他的脸上流了下来。他走到老者身边，把自己年轻美丽的心撕下一块儿，用颤抖的双手把它捧到老人面前。

老人接过他的礼物，把它放在自己的心上，然后又从自己已布满伤疤的心上撕下一块儿，放在年轻人的心上。年轻人看了看自己的心，它不再像从前那样完美了，但却比以前更加美丽了，因为老者心上的爱此刻正流淌在他的心里。他们互相拥抱着，然后并肩离开了。

Zhesixiaoyu

哲思小语

最美的心不是完美无缺的，而是布满伤痕的，因为这些伤痕潜藏着无私的奉献，可我们却总是因为害怕受到伤害而不敢将心扉敞开，总是拘泥于表面的完美而不敢面对内心的残缺。其实，接受伤害何尝不是走向完美的开始？残缺又何尝不是另一种形式的完美？

善有善报

他一直在村庄西边的一个小合作社工作。此时，他正驾车行驶在乡间的双行道上。其实，他的工作单位早就像他此时开的车一样，已经进入了“报废期”，但他从没对生活失去信心。直到单位倒闭、工作没着落、冬天也带着呼啸的寒风赶来时，这股寒意终究伤到了他。这是一条偏僻的小路，很少会有人从这儿经过，除非谁想永远离开这个地方，才会不得已踏上这条路。他的很多朋友就是从这条路离开村庄的，因为他们有妻儿要养，有梦要圆。

可他却没有选择离开，毕竟，他的父母就长眠于此，而且这里还是他出生的地方。他对这座山庄十分了解，甚至闭着眼都能穿过这条路。事实上，汽车前灯也已经坏了。此时天越来越黑，雪花不停地从空中飘落下来，他得快点儿赶回家了。

当他正在路上艰难行驶时，隐约看到不远处有一位老妇人。虽然此时天色已经十分昏暗，但他仍能看出她需要帮助。所以他将车停在了老妇人面前，并从车上走了下来，而他的老伙计——那辆庞蒂克车却仍在嗡嗡作响。他冲着老妇人笑了笑，可这会儿老妇人的内心却无法平静，这种天气，若不是到了自己家门口，谁会下车帮忙呢！

他会伤害老妇人吗？他看起来一副饥肠辘辘的样子，又不像是有钱人，还真不太安全啊！他很清楚老妇人的心理活动，一个人在这样的冰天雪地里，难免会担心自己的安全。“只有眼前的寒冷才会伤害到你。”他心里想着，并对老妇人说道，“我是来帮你的，夫人。上我车里坐会儿吧，那里暖和些。哦，对了，我的名字叫布赖恩。”

原来老妇人的车胎被扎漏了，虽说不是什么大问题，但对一个老妇人而言，这已经够糟糕了。布赖恩爬到车底找出千斤顶，为此，他的手指被划伤了好几处。不一会儿他就把车修好了，弄得浑身脏兮兮的，而且手也受了伤。当布赖恩为轮胎拧螺丝的时候，老妇人打开车窗与他攀谈起来。她对布赖恩说自己来自圣路易斯，只是路过这里，对于他的帮助自己不知该如何感谢才好。布赖恩却只是朝她笑了笑。她问布赖恩自己应该付多少钱。事实上老妇人觉得自己付多少钱也不算多，因为若不是他的话，自己还不知道会发生什么事呢。

布赖恩根本没想到钱的问题，他又不是以此为生。这只不过是急人之所急而已，而且上帝知道自己从前曾接受过多少人的帮助……因此，他一直在施善于人，却不图回报。他对老妇人说：“如果你一定要报答我的话，那么下次如果你在途中遇到有困难的人，也一定不要袖手旁观。”布赖恩又补充上了一句：“只要能想到我就行了。”直到看到老妇人的车重新启动，他才离开。外面的天气十分阴冷，不过他到家后一切都好了，他的心情也渐渐好了起来。

行驶了几英里后，老妇人在一家咖啡馆前把车停了下来，她想吃点儿东西暖暖身子再继续赶路。这是一家低档次的咖啡馆，门外摆着两个煤气罐，那收银机就像一部坏了的电话一样，这种场景她可从来没见过。这时，脸上挂着甜美微笑的服务员上前递给老妇人一块干净的毛巾，让她把微湿的头发拭干。老妇人注意到眼前这位女服务员已经有近八个月的身孕了，但她始终微笑着，丝毫没有因为一天的劳累或是身体的不适而改变自己的待客之道。

老妇人对此感到十分不解——为什么那些生活窘迫的人总会尽心尽力地给别人带去温暖呢？此刻，她又想起了布赖恩。饭后，老妇人付账离开时，故意将服务员找给她的一百美元掉在地上。后来，服务员发现了地上的一百美元，可老妇人却不见了踪影。在餐巾纸上，服务员又发现了另外四百美元。当她读到老妇人的留言时，泪水忍不住流了下来。老妇人写道：

“不要觉得拿了我的钱就欠了我什么，我已经享受了你热情的服务，而且我以前也接受过别人的帮助，所以我也想把这份爱传递给你。如果你想报答我的话，就让爱永远传递下去吧。”

明天仍旧还有桌子要擦、有糖罐要洗、有客人要招待，但一切都不同了，到了明天，一切难题都会迎刃而解。那一夜，当那个服务员回到家悄悄地爬上床的时候，心里一直想着老妇人留给她的话。那个老妇人怎么会知道她和丈夫需要这笔钱呢？下个月孩子就要出生了，日子会更加艰难，她知道丈夫多么担心自己。此时，丈夫正在自己的身边熟睡，她轻轻地吻了吻丈夫的唇，低语道：“一切都会好起来的。我爱你，布赖恩。”

Zhesixiaoyu

哲思小语

只要人人都献出一点爱，世界将变成美好的人间。

一个微笑

她向一个愁眉不展的陌生人微笑了一下。这个微笑似乎使他感觉好多了。

他想起了一个朋友过去对他的好意，便给这位朋友写了一封感谢信。

这个朋友收到感谢信后非常高兴，他在用过午餐后留下了可观的小费。

得到小费的女服务员对钱的数目感到惊讶，她把这些钱都用来博彩。

第二天,她赢得了奖金,并把一部分给了街边的一个人。

街边的那个人非常感激,因为他已经两天没有吃东西了。

吃完饭之后,他回自己的小屋去。

那时,他还不知道自己即将遭受厄运。

在回家的路上,他捡到一只冻得发抖的小狗,便把它带回家取暖。小狗非常感激,可以不再受风雪之苦。

当晚,房子失火了,小狗狂吠着发出警报。

它一直在叫着,直到把一家人全都叫醒,从而使每个人都幸免于难。

小狗所救的人中有一个男孩,长大后成了总统。

所有这一切都起因于一个简单的微笑，而且不用花费一分钱。

Zhesixiaoyu
哲思小语

一个简单的微笑,如同爱的多米诺骨牌,推倒了每个人心中郁积的块垒,最终推倒了不幸的巨石。

闲倚窗前悟人生

似乎我们总是渴望着远方的风景，却忽略了眼前的美丽，向往着未来的美好，却错过了无数瞬间的精彩。其实，生活之美是永恒的。珍惜所拥有的一切，认真过好每一天，这才是我们真实的生活和盼望。

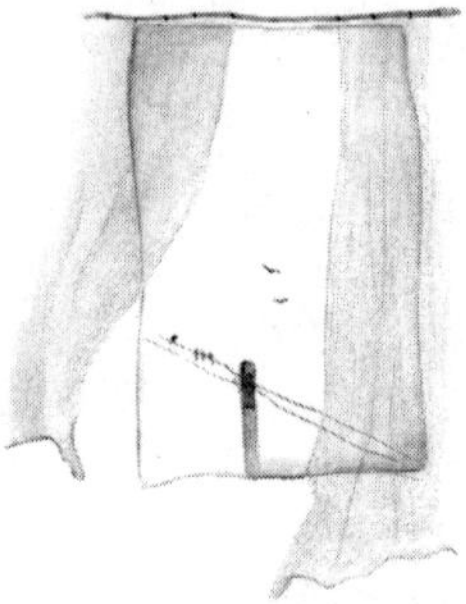

用心看世界

在从纽约到波士顿的火车上，有位盲人老先生坐在我旁边的座位上。他看起来很慈祥，满是皱纹的脸上写满了岁月的沧桑，很显然，这是个经历丰富的老人。我有了一种想跟他攀谈的欲望。

我十分热情地给老人端了杯热腾腾的咖啡。因为指导我博士论文的教授就是位盲人，所以我和盲人交谈起来一点儿障碍也没有。老先生是个健谈的人，就这样，我们聊了起来。

当时正值洛杉矶种族暴乱，我们因此就谈到了种族偏见问题。

老先生告诉我，他是美国南方人，他在南方时从未和黑人在一张桌子上共进晚餐，也从未和黑人进过同一个课堂，甚至连上街，他都避免和黑人靠得太近。由于他家的佣人都是黑人，他从小就认为黑人低人一等。后来，他到北方念书，有一次，他被班上的同学指定举办野餐会，他居然在请帖上注明“我们保留拒绝任何人的权利”。在南方这句话就是“我们不欢迎黑人”的意思。当时在班上引起了不小的反响，许多黑人同学对他的做法表示愤慨，他还被系主任叫去狠狠地骂了一顿。

他说他不愿和黑人有任何的接触。有时在付钱的时候遇到黑人店员，他就把钱放在柜台上，让黑人去拿。我笑着问他：“那你肯定无法接受和黑人一起生活了。”

他大笑起来：“坦白说，我当时认为任何白人和黑人结婚，都会使父母蒙羞。所以我不和他们来往，更不用说和黑人结婚了。”

不幸的是，他在波士顿念研究生的时候，发生了车祸。虽然性命保住了，可是眼睛却完全失明，什么也看不见了。于是，他进入一家盲人重建院学习如何用点字技巧，如何靠手杖走路等等来应付以后的生活。

慢慢地他终于能够独立生活了。

他说："那时我最苦恼的就是，我弄不清楚对方是不是黑人，这给我的心理造成了很大的压力。我十分信任我的心理辅导员，把他看成我的良师益友，有什么事情都向他倾诉。当谈到这个问题时，他也尽量开导我。从一开始，我就认为他理所当然地是一个白人。但是有一天，那位辅导员告诉我，他本人就是黑人。我很震惊，但是却没有生气，因为我知道这个辅导员绝对是个善良的人，这几年来他给了我很多的帮助。那时我才知道，黑人并不是坏人，白人也未必都是好人。从此以后，我的偏见就完全消失了。我知道现在对我来讲，只要知道他是好人，不是坏人就足够了，至于能否看出对方是白人还是黑人，对我已经没有意义了。"

车快到波士顿时，老先生感慨地说："我失去了视力，但同时也失去了偏见，这是一件多么幸福的事。"

在月台上，老先生和他的太太亲切地拥抱。我猛然发现他太太竟是一位满头银发的黑人。我才意识到，我视力良好，但我的偏见还在，这是多么不幸的事。

Zhesixiaoyu

哲思小语

当我们作为一个正常人只用眼睛去观察世界时，有些东西会让我们迷失，甚至让我们偏离，而盲人在这方面却优于我们，因为他们必须用心去"观察"这个世界，因此，"看"得更为真切。所以，我们看待事物不仅要用眼，还要用心。仅用眼睛去观察世界，所观察到的多半是不全的、片面的；而用心才能感受到珍贵的最有价值的东西。

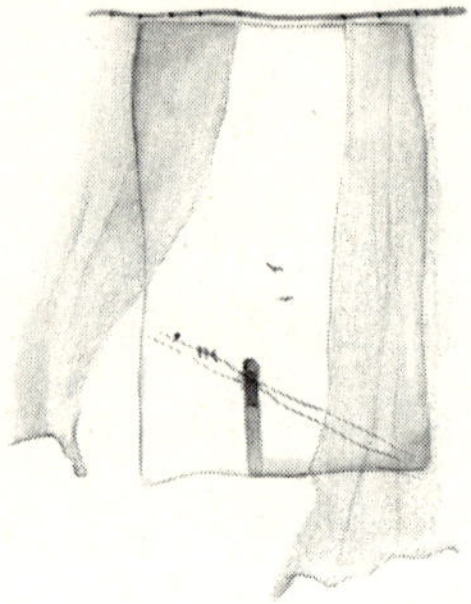

千年等一回

女孩儿的心里一直有个挥之不去的影子，刻骨的相思使她茶饭不思，形销骨立。最后她实在无法忍受这种煎熬，就来到教堂向上帝祈祷，希望上帝能帮助她见到自己的心上人。仁慈的上帝被女孩儿的执著感动了，他对女孩儿说："你真的很想见到他吗？"

女孩儿说："是的。"

上帝说："那么你必须放弃你现在所拥有的一切，你从此以后再也见不到你的家人，因为你要经过500年的修炼才能见到他，你愿意吗？"

女孩儿用力地点点头，说："我愿意。"

于是，女孩儿变成了野外的一块石头。春去秋来，寒来暑往，一晃400年过去了，岁月的沧桑变幻和无尽的孤独都没能让她退缩，为了心中的那个影子，她一直期待着。

又过了99年，一个很偶然的机会，一支行商的队伍路经此地，拾起了她，把她带到了城里。经过一系列的打磨加工后，女孩变成了一片石栏，在500年的最后一天，她被立在了一座桥上。正当她东张西望地打量着这个陌生的环境时，蓦地，她的眼睛定住了，她看见了那个男人！那个在她心里虽经过500年的漫长岁月却越发清晰的影子！

那个男人从远处朝这座桥走来。他当然不会注意到这块普通的石头，他有很重要的事情要做，他的身影在女孩儿面前一晃而过。女孩儿目不转睛地盯着这个男人，心中有无尽的相思之情，但她一句话都说不出，因为她只是一块石头。她只能眼睁睁地看着这个男人的身影渐行渐远，直到在她的视野里消失。

这时，天空中传来上帝低沉的声音："怎么样？你觉得满足了吗？"

女孩儿摇摇头，激动地说："不！他根本没有看到我！我有很多很多的话想要告诉他，可是他根本不知道！如果我能摸到他一下，那该多好！"

上帝说："我可以实现你的愿望，但是你还得修炼500年。你还愿意这样继续下去吗？"

女孩儿用力地点点头，说："我愿意。"

于是，女孩儿又变成了一棵参天大树，矗立在进城的必经之路的旁边，日夜看着人们来去匆匆，但是她心中的那个影子却始终未曾出现。女孩依然顽强地守候在路边，但是她的心已经不那么急切了，因为她相信万能的上帝，只要到了这500年的最后一天，她一定能再次见到她的心上人。

终于，这一天到来了，女孩儿平静地等待着，但不知为何，她却没有了以前的急切和激动。她的视野里出现了一点她梦见过无数次的影子，是的，他来了。500年过去了，岁月没有在他身上留下任何痕迹，他依然那么年轻英俊。男子渐渐走近了这棵大树。忽然，他抬头看了一眼树。这棵树枝繁叶茂，众多的树叶遮住了许多阳光，撑起一大片阴凉。男人顿时觉得累了，他径直朝这棵树走来，在树下找了一个平坦的地方，坐了下来，后背靠着树干，闭上眼睛，想休息一下。女孩儿的心激动地"怦怦"直跳，她终于摸到这

个男人了！她心里有千言万语在涌动，但是依然无法表达。她只好尽力地伸展枝叶，想为男人遮挡住这火辣的阳光，想让他觉得更加舒适。女孩儿千年的相思，在这一刻终于得到了满足。她多么希望这个男人能在她身旁做一个香甜的美梦啊，但是这个男人还有很重要的事情要办，他不能休息太久，所以很快他就醒了过来。男人站起身，拍拍衣服，回头看了看这棵给予了他片刻休憩的树，然后就上路了。女孩儿就像上次一样，只能眼睁睁地看着这个男人的身影渐渐消失在她的视线里。

万能的上帝再次出现了："怎么样？我可以让你成为他身边最亲近的人。你愿意吗？"

出乎意料地，女孩儿轻轻摇了摇头，叹了口气："我真的很想，但还是算了。"

上帝很惊讶："为什么？"

女孩儿说："我经过了1000年的修炼，才能跟他有如此短暂的接触。可想而知，要成为他最亲近的人，还要经过多少漫长的岁月。我虽能够做到，但是我不想再继续下去了。因为现在他身边的那个最亲近的人，当初为了来到他身边，一定受过比我更多的煎熬。我不能这么自私，我再这样执著下去，会使更多的人受到伤害。我已经触摸到他了，这就足够了。"

此刻虽然上帝感到很意外，但却有种如释重负的感觉，他不觉地松了一口气。女孩儿见此很奇怪："万能的上帝也有解决不了的事情吗？"上帝对她微微一笑："你这样做是对的。你知道吗？有一个男孩儿可以不用再等下去了。他为了看你，已经修炼了2000年。"

Zhesixiaoyu

哲思小语

执著是一种积极的人生态度，但是，要看我们为什么而执著。在我们坚持做某件事情之前，我们先要静下来想想：我们这样做，是否真的值得；我们这样做，是否会使他人在无形中受到伤害。凡事谋定而后动，这样我们才会一生无悔，并让自己生活得有意义，生活得更快乐。

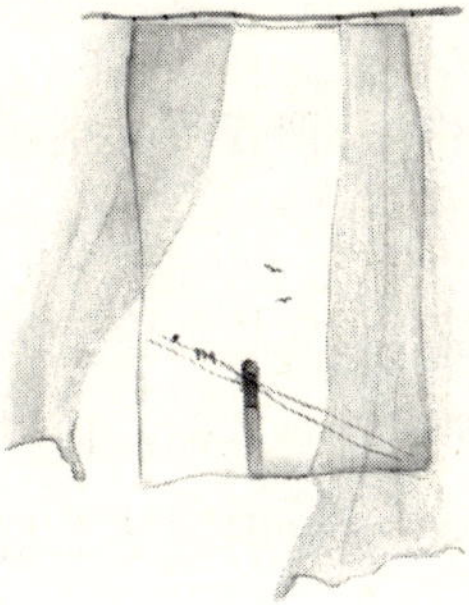

我希望……

我们竭尽全力想让儿女们过得更好，但往往适得其反。对待孙辈们，我可就明智多了。

我真希望他们能够了解，什么是兄长传下来的衣服、家制的冰淇淋，以及吃剩的肉糕。我真的希望。

我深爱的孙子啊，希望你在失败过后能够学会谦卑，学会诚实，即便是没有人注视着你的时候。

我希望你能学会自己叠被子、修剪草坪、洗车子，我还希望在你满十六岁时，还会有人送给你一辆崭新的轿车。

假如你至少有一次机会看见小牛犊出生，假如你不得不把一条伴你多年的狗安葬，并且有一位好朋友在场为你做伴——那样该多好啊！

我希望你能为自己的信仰不惜一切代价。

我希望你能和弟弟共处一间卧室，哪怕在卧室中间划一条分界线也没关系；但是，如果他因为害怕而想钻进你的被窝，我希望你能接纳他。

当你想出去看一部迪斯尼电影，而你的小弟弟也想跟着去的话，我希望你能带上他。

我希望你能和朋友们一起爬山，因为在你所生活的城市里，做这项运动不会有什么危险。

如果你想要个弹弓，我希望你的父亲能教你怎样去做，而不是去买一个。我还希望你能够学会挖泥和读书，在你学会用电脑的同时，也应该学会加减法的心算。

当你第一次恋上一个女孩时，我希望你会受到朋友们的嘲弄；而当你和你的母亲顶嘴时，希望她叫你尝一尝象牙肥皂的滋味。

或许在爬山时，你会弄破膝盖，或不小心被炉子烫伤手，抑或舌头粘在冰冷的旗杆上。

我希望当有人对着你的脸喷吐烟雾时，你会感到恶心。如果你尝试喝一次啤酒，我不会在意，但是我希望你不会喜欢上它。如果有一位朋友请你吸一口含大麻的香烟，或是任何毒品，我希望你能够明智地意识到他不是你的朋友。

我当然希望你能抽时间来陪你的爷爷在门廊上坐坐，或者陪你的叔叔钓钓鱼。

如果你把棒球扔进了邻居的窗户，我希望你的母亲惩罚你。如果你能剪掉指甲，用石膏做一只自己的手的模型送给你的妈妈，我希望她会给你拥抱和亲吻。

我希望你能经历艰难的岁月、失望与挫折，并希望你能努力工作，幸福快乐。

Zhesixiaoyu
哲思小语

当人们即将走完自己的人生之路回首往事时，方能醒悟，人生原来不仅仅是享乐、安逸，还应该在每个阶段做一些应该做的事情，并学会总结其间的经验与不足。大至为人处世，小至生活的点滴，都不要忽视了对自己的培养。只有这样，你才能直面艰难的人生，一路微笑着前行；才不会觉得生活时时令人失望，而是处处充盈着快乐和欢欣。

灿烂的时光

“……我并不富有，却拥有无数个艳阳天和夏日。”

——亨利·大卫·梭罗

写下这句话的时候，梭罗想起了他孩提时代的瓦尔登湖。

那时，伐木者和火车还没有对瓦尔登湖的湖畔美景造成严重的破坏。小男孩儿可以乘船来到湖中心，仰卧在小船上，任其从岸的一边缓缓漂向岸的另一边，周围是戏水的鸟儿和翩舞的燕子。梭罗喜欢回忆这样温馨的艳阳天和夏日：“这个时候，恬淡的生活是最迷人也是最有益的事情。”

在我的孩童时代，我也曾那样热爱小湖，也曾拥有过无数个艳阳天和夏日。如今，阳光、夏日依旧未变，可是从前的男孩儿和从前的小湖却都已改变。那男孩儿已经长大成人，再也无暇去湖上泛舟。而小湖所在的地方，也被大城市的建筑物取代了。曾有苍鹭觅食的沼泽，如今早已枯竭，上面盖起了座座房屋；曾有睡莲静静漂浮的湖泊，如今已成了汽艇的避风港。总之，男孩儿所热爱的一切都已经不复存在——只停留在人们的记忆中。

有人认为，只有今天和明天才是最重要的，可是，如果真让人过着这样的日子，我们将会多么悲惨啊！我们今天所做的事情，有许多都是徒劳的，并且很快就会被人们遗忘。而许多我们期待未来将要做的事情却从未发生过。

过去是一家银行，我们把最珍贵的东西——记忆，储存其中，记忆使我们的生活更有意义、更有深度。

那些珍惜过去的人，不会悲叹时光的一去不复返，因为过去的一切已被我们珍藏在记忆之中，永远不会被遗失。死亡无法使记忆中的声音逝去，也无法将记忆中的微笑抹杀。对那个已经长大成人的男孩儿来说，有那样一个小湖，它不会因时间或潮汐的更迭而改变，可以让他一直在阳光下享受宁静的时光。

Zhesixiaoyu

哲思小语

时光一去不复返，昔日不会重来，我们所遗失的美好再也无法挽回。或许这就是人类成长和社会发展的规律。我们只能用眼睛的镜头，把过去的一切定格，拍成相片，储藏在大脑的暗室里，等待回忆来冲洗。

人如浮云

我拉开了房间东面、电脑上方的窗帘，仿佛觉得自己正坐在一个神圣的天蓝色的舞台前。邻居家附近那棵大树的上方，正飘着一朵形状酷似杰米·杜兰特的鼻子的云彩。然而，片刻之间，它就开始向北方飘了过去，渐渐没有了原来的模样。还有一些云彩在天边高高垒起，仿佛一座巨大的山峰。只是过不多时，它们又轰然坍塌。又有一些浮云飘了过来，它们大小不一，不知将会飘向哪儿去。缕缕白云在前行的过程中渐渐散去，又有丝丝白云在飘荡中慢慢汇集成一朵大的云彩。这是再寻常不过的事情了，因为它们经常以这种形式出现在天空中。正是白云苍狗，变幻无常。

一棵棵大树仿佛是在嘲笑天空中的云朵，而与此同时，它们又不断地想用摇曳的枝条采摘天上的云。只是云飘得实在太高，大树竭尽全力也摸不到云朵分毫。树儿们肯定在想，自己才是真实存在的，并且是根深蒂固的重量级人物，每天依靠光合作用来生长、壮大，即使狂风暴雨也不能奈何它们。而云朵不过是一些积聚起来的小水珠，只会偶尔遮挡住太阳的光辉。它们只能任由风来摆布，甚至可能被炙烤成水汽散于无形之中。可事实上，树即是云，它们的绿叶和云是一样的，只是动的幅度小了一些。树会成长、变化、老去，归于尘土，最后可能沉积下来，经过漫长的岁月变成石油；也可能就此腐烂分解成各种元素，成为水分子上升到空中，成为新的浮云。

我不也是一朵云吗？一朵怀着种种想法、有着不同感受和抱负的云；一朵在人海中四处飘荡的云，我也只能任由社会这只无形的大手推动。我不是也到处作尝试吗？我不也会在别人面前有着种种异想天开的想法吗？当我感受到爱的抚慰与怜悯的温暖时，不也如浮云般游走吗？

如果说浮云如人，那么人也同样如浮云，到底应不应该飘走，我们并没有经过仔细的考虑。难道我们只想感受风的力量，让它使我们在某一时间驻足不前，或是把我们吹向远方吗？难道我们真的会如自己想象中的那样稳如磐石吗？我们的生命岂不是一样要经历生老病死、新陈代谢？或者哪天我们也会化成一朵云在天空飘游，俯瞰我们曾经生活过的大地和芸芸众生。

让我飘走吧！让我向天空高歌，我是茫茫人海中的一个人，企盼呼吸微风的气息，让我们在其中寻找精神的根。

合上窗帘，感受那辽阔的空间和宽广的胸怀，似乎头脑也更加清晰、更加冷静，仿佛就在这一刹那，我洞悉了生命和宇宙的奥秘。舞台的幕布已经垂落，树林间掌声四起。

Zhesixiaoyu

哲思小语

茫茫人海中，我们就如飘动的浮云一样，被变幻莫测的命运之风推动着，不知道自己会飘向哪里。然而，不管我们遇到了什么样的境遇，我们都要牢牢留住我们的精神之根，它是我们勇于面对一切困难的最有力的武器。

爱与时间

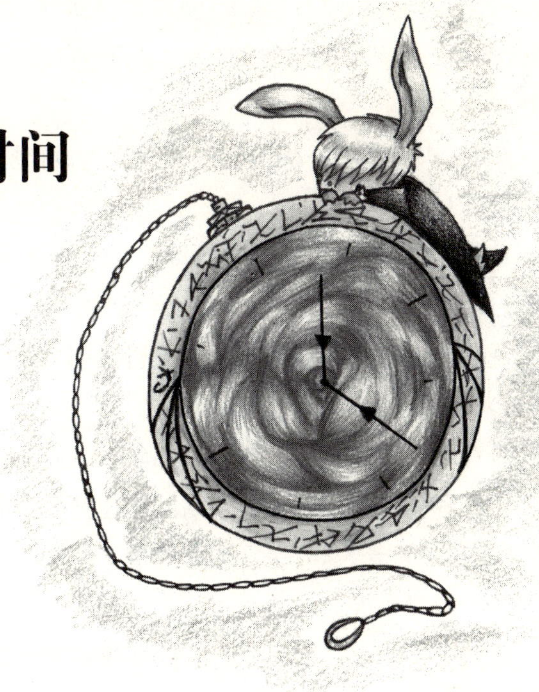

从前有一个小岛，上面住着快乐、悲哀、虚荣和爱，还有其他的各类情感。

一天，情感们得知小岛快要沉陷了，于是，大家都开始准备船只，打算离开小岛。只有爱留了下来，她想坚持到最后一刻。

没过几天，小岛真的要沉陷了，爱想请人帮忙。

这时，富裕乘着一艘豪华的大船经过。

爱向富裕求助道："富裕，你能带我走吗？"

富裕冷冷地回答道："不能。我的船上有许多金银财宝，没有你的位置。"

爱看见虚荣正扬扬得意地坐在一条华丽的小船上，于是爱又向虚荣求助道："虚荣，帮帮我吧！"

“我没法帮你。你看你全身都湿透了，我可不想你弄坏我这条漂亮的小船。”

一会儿，悲哀划船过来了，爱向她求助道：“悲哀，带我一起走吧！”

“唉……爱呀，我实在太悲哀了，只想自己一个人待一会儿！”悲哀叹息着摇摇头。

这时，快乐一蹦一跳地走过爱的身边，可她是那么快乐，竟然没有听到爱的呼唤！

正在爱绝望至极之时，突然传来一个浑厚而亲切的声音：“来吧，爱，我带你走。”

说话的是一位慈祥的长者。爱喜出望外，赶忙随他而行。登上陆地以后，长者就独自离开了。

爱对长者感激不尽，但刚才太高兴了，竟忘了问他的名字。于是，爱向另一位长者——智慧打听道：“请问刚才帮我的那位老者是谁？”

“他是时间老人。”智慧老人答道。

“时间？”爱很惊讶，“他为什么要帮我？”

智慧老人笑道：“因为只有时间才懂得爱有多伟大。”

Zhesixiaoyu
哲思小语

当现实之岛开始沉陷之时，唯有爱是我们最后的信念。而当爱岌岌可危、信念摇摇欲坠之时，也唯有时间才可救援。时间可以为爱证明一切，因为只有时间才懂得爱的价值。因此，时间才可以证明一切。

盼 望

最初，我盼望着进大学，盼得要死。随后，我又盼望着大学赶快毕业。

接着，我盼望结婚，盼望有个小孩儿，盼得要死。

后来，我又盼望着小孩儿快点儿长大，好让我早点儿回单位上班。

最后，我又盼望着退休，盼得要死。而现在，我真的快要死了。

忽然间，我明白了——我一直生活在盼望中，却忘了真正的生活。

如果我能再活一回，我会试着多犯点儿错误，我将不再追求完美，我会轻松一点儿，愚笨一点儿。

其实，很多事都可以不必太苛求，我应该更真实一点儿。

我会抓住更多的机会，旅行更多的地方，爬更多的山，蹚更多的河，去更多我没去过的地方。

我还要吃更多的冰淇淋。

我愿意去面对更多实际的问题，而不只是在脑子里想象。

你看，我就是那些身体健康、心智健全的人中的一员，安安稳稳地活过了一天又一天，一年又一年。

如果生命能从头再来，我会让自己经历更多只属于我的时刻。

我曾经是那种没有电吹风、防晒霜、牙具和雨伞就出不了门的人。如果能重新开始，我要让我的旅行更加轻松简单。

我要光着脚丫，从春天一直走到秋天；我要欣赏更多的日出日落；我要和更多小孩儿滚闹在一起——如果能再活一次的话。

可是，现在，我已经无法重新再来。

Zhesixiaoyu

哲思小语

我们不仅在盼望中成长、在盼望中超越，也经历了盼望中的失落和盼望中的迷茫。我们总是渴望着远方的风景，却忽略了眼前的美丽。其实，每一阶段的生活有每一阶段生活的美。我们应该认真过好每一天，好好珍惜所拥有的一切，因为，这才应该是我们真实的生活和盼望。

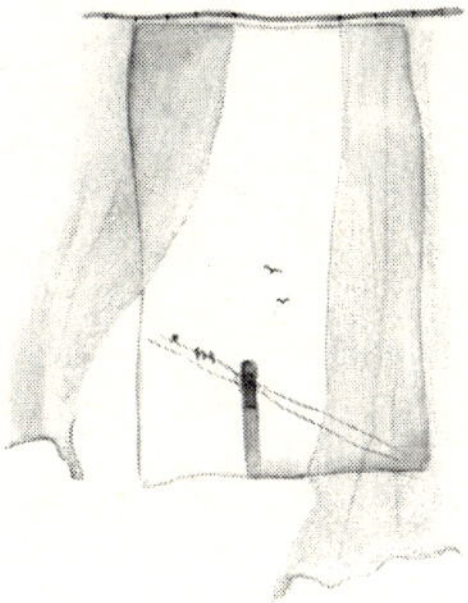

生命的秘密

上帝在创造世界的时候，召来了他的天使长们，请他们帮忙决定，应该把生命的秘密放在哪里。

“把它埋在地下。”一个天使长答道。“把它放到海底。”另一个说道。“把它藏在山里。”又一个天使长建议说。上帝听了他们的话，回答说：“如果我按照你们的建议去做的话，那么世上只有一小部分人能找到它。而我希望的是，每个人都可以找到生命的秘密！”一个天使长说道：“我明白了，那就把它放在每个人的心里吧。没人能想到它会被放在那儿。”“你说得对！”上帝说道，“要把生命的秘密放在每个人的心里。”这就是为什么生命的秘密就在我们每个人的心里。

Zhesixiaoyu
哲思小语

一个人随着年龄的增长、阅历的增加，他的秘密就会越来越多。有烦恼的秘密，也有快乐的秘密，然而，最终的秘密还是生命的全部秘密，它包含着人生的酸、甜、苦、辣，以及失败、痛苦、成功、幸福等等人生所能经历的一切。其实每个人的心中都有着自己的秘密，无论是成功者还是失败者，只是因为他们更理解生活，他们才会不轻露自己的一切罢了。

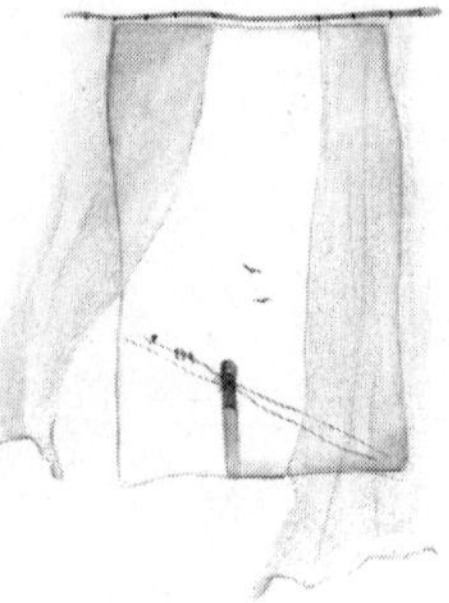

家的真相

家乡最让我怀念的是下雨时的气息，还有割草机的声音以及扬起的草屑。赤足站在户外，头顶一片蓝天，震耳的雷鸣声盘旋在上空又逐渐远去——热带地区的夜晚，吃着香喷喷的烤肉；温暖的池塘边，痛饮着啤酒，然后拖着大汗淋漓的身体回到家中，和衣倒在床上；每晚都有成群的蚊子在耳边嗡嗡作声，让人辗转难眠——这一个个不眠之夜，至今让人记忆犹新。可是，突然有一天，我抛开这一切，移居到了城市，去面对那种毫无生气的城市生活，成为众多如行尸走肉般麻木的城里人中的一员。我毫无目标地生活着，犹如陀螺般日复一日地为生活而奔波。

冬天，我独自躲在屋里，以求慰藉。我的室友，也就是我的朋友们，每天从早忙到晚。他们习惯于没有思想的生活，认为赚钱才是天经地义的事。我常常独自留在这个陌生的屋子里，一待就是一整夜，只听到墙壁发出些莫名其妙的声响。我坐在已被房东锁上了的电话机旁，回忆着过去的一些片断——有妈妈的声音，还有和已失去联络的好友之间的私语。我喜欢写信，但我从未打算寄出去，因为里面全是些只有我才懂得的真心话。我还会哭泣，伤心的泪水会浸染字迹，涂污心中的爱念。那时，我还只是一个临时秘书，每天只是机械地把资料输入电脑。我总是边打字边在心中质疑着这份工作的价值，并思考着如何才能发现它的价值。我的室友马克和克雷格——我的两个最要好的朋友，要到午夜时分才回来。我总是等着他们回来，并带着满心的欢喜和满脸的笑容帮他们泡茶、做三明治，然后与他们坐在一起，用心去感受他们的生活，聆听他们的故事，与他们一起欢欣雀跃。

这时的我宁愿放弃睡眠，因为我是如此渴望得到心灵的安慰，只有和朋友在一起时，这噬咬人心的孤独才能稍有缓解。

我经常喝酒，并且在工作中结交了形形色色的人，就这样，我继续游荡在一个不属于我的城市里。我可以利用工作之便在每个星期五享受到免费的酒水。每次，我都会像一支离弦之箭冲向酒吧，在那里大口大口地灌着各种各样的酒，直至酩酊大醉。这时，我才能展现出我的另一面，做我渴望做而又不能做的事。有个说话响亮、活泼好动、伶牙俐齿的女人，整晚都和陌生人说说笑笑，有时甚至很大胆地在他们面前表露出轻浮的一面。而我的灵魂，此时仿佛也远离了我，只是惊讶地在一旁观望着这一切。畅饮过后，我会踉踉跄跄地到帕拉狄昂剧院找马克和克雷格——他们俩在那里从事引座员一职。我通常在他们临近下班的时候去那儿，然后我们一起去酒吧，继续喝酒作乐。

一天晚上，我们跌跌撞撞地从酒吧回到住所。我点燃一根香烟，坐了下来。突然，一种难言的颓丧感袭上心头。我起身走进浴室，感到一阵莫名其妙的烦躁，于是，我拿起剃须刀片，木然而缓慢地向自己的手腕割下去。此时，泪水已不知不觉地流了下来，但刚一割下去，我又停住了，就在那一瞬间，我意识到自己是多么愚蠢——这道伤痕将会引起别人的关注，除非我闭口不言。于是，我平静地用纸巾把刺痛的手腕包扎起来，回到房间穿上运动衣，以便盖住那道骇人的伤口——因一时孩子气而自虐所带来的伤口。我躺在床上，这时听到马克和克雷格那熟悉的脚步声，我迅速地擦干脸上的泪水，装成若无其事的样子。他们上来了，站在我的床前，跟我逗趣。后来，我跟着他们来到楼下，一起听着鲍博·马利的《救赎歌》，这是我最喜爱的一首歌——“把我卖到商船上……”

我站在从多利斯山开往玛丽莱宝的地铁上，凝视着手腕上的伤疤，开始变得神情恍惚，仿佛我已经不是我——那决不是我。我走进车厢，身体开始随着列车而摇晃着。这座城市已让我的灵魂渐渐沉沦，并逐渐地被吞噬，我想大声呼喊我的心灵，但它却彻底地隐藏了起来。于是，连我自己都对自己的渴求产生了厌倦。

后来，情况有了改善，就像你所知道的那样，其实并没有什么变化，只是我渐渐融入了自己的生活；我逐渐学会享受生活所给我的一切；我适应了这里的气候以及这里的人。有一天——一个秋日的星期六，宜人的光线从窗外射进来，我穿着睡衣，欣赏着电视节目。我走出新公寓（它并不真正属于我，只是我租来的临时栖身之所）去倒垃圾，抬头仰望着灰白的天空，深深地吸了口气。这时，我突然有一种安逸的感觉——一种浪漫而阴郁的氛围吸引了我，其实这与我的本性相宜。我很喜欢这样的感觉。再次回到屋子里时，我感到自己的身体在微微发抖——一种让我心满意足的寒意。我为这淡淡的寒意而舒心，随后，我又为自己所能想到的取暖办法而快意——我躺在沙发上，把脚趾缩在软垫下面。电视里正播放着无聊的节目，但这也能让我很开心。因为，我已经完全习惯了这种生活。

终于，我又回到了家乡。我用了五个月的时间来欣赏乡间美景、感受宜人的气候和迷人的自然环境；我吃着健康的食品，听着几乎被我遗忘了的语言；在这个不属于我的农场里漫步，并参加乡间的酿酒庆祝活动；我也会涂上高防晒系数的防晒油抵挡灼人的阳光，为连续好几天的高温气候感到心烦气躁。但是，也许还不到时候吧，我始终不能完全融入这样的生活，因为那个城市——伦敦，仍然留在我心里，我和它之间的爱恨情仇仍在继续。无论我开心与否，此生注定要留在那里。我无法解释其中的缘由，但我想这是我自身的问题，与城市无关——是我需要满足自己的欲望。于是，我又一次离开了——离开了我所深爱的一切，没有什么顿悟，只因为还不是时候。也许有一天家会迎接我，或者我选择回家，不管怎样，我都会心平气和地等待这一天的到来。

Zhesixiaoyu 哲思小语

当我们对自己熟悉的家乡感到厌倦时，就会非常向往外面精彩的世界。然而，当我们真正独居在外时，又时不时地会产生一种失落感。即使你所居住的环境比家乡好很多，也会有这种淡淡的忧伤。其实，这就是游子在外远离家乡的真实心情。就如艾略特所言："我们从出生地出发，经过努力拼搏、奋斗，才回到起点，我们的远离，正是为了有一天能够平心安然地回来，并能用一种全新的目光审视它。"这就是远离家乡人的期待和向往。

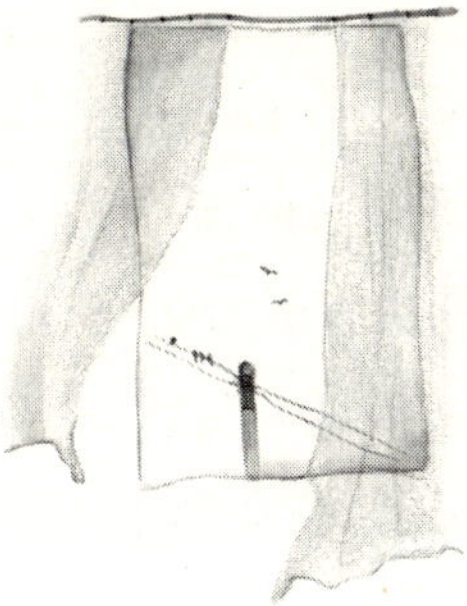

神奇的湖泊

世上有很多人都喜爱听关于仙女的神话传说，而他们中的绝大多数都应该听说过俄罗斯境内的贝加尔湖——那里通常被人们誉为“人间仙境”。当我在伊斯兰堡国立现代语大学学习俄语的时候，我们的俄语老师就经常给我们讲起在俄罗斯广为流传的关于仙女的神话传说。她常常提起贝加尔湖，她说：“贝加尔湖是世界最深和蓄水量最大的淡水湖，也是最美丽的湖泊。据说，仙女们会在贝加尔湖上翩翩起舞，来迎接到访的游客。”她还给我们讲述了爱神的故事，同时寓教于乐地教授我们俄语。因此，我们全班同学都很喜欢上她的课，并且都向往着哪一天能够身临其境，亲身感受贝加尔湖的神奇和美丽。

神秘的贝加尔湖美丽、宁静，水质天然澄澈，笼罩着神话般的浪漫色彩。在它的周围，是一望无际的森林。放眼远望，目光所及之处，除了蓝别无他色。无边的湖水拍打着鹅卵石的湖岸，仿佛偌大的蓝宝石顷刻之间碎成千万片。这里有草地、喷泉和花丛，但却没有什么可以和贝加尔湖相媲美。她最奇特的地方是其变化莫测的“心情”。有时，湛蓝的湖水平静而温和，而转瞬间，它又会狂风大作，卷起惊涛骇浪；有时，它宛如少女，略带羞涩地展现自己的美丽；有时，它又如同老人，不知疲倦地嘟哝个不停。总之，贝加尔湖之美、贝加尔湖之大，无论怎样夸张地形容都不为过！

实际上，贝加尔湖也是世界上最深的淡水湖，在它的中部，有的地方深度超过一英里。同时，她也是世界上蓄水量最大的淡水湖，共有三百多条河流注入贝加尔湖，而流出的却只有一条。贝加尔湖的动物种类极其丰富，共有一千五百至一千八百种，它们分布在不同的水层，很多品种为贝加尔湖所特有。世界上唯一的淡水海豹就是它的特产。

贝加尔湖周围的人类活动正变得日益频繁，例如备受争议的工业、宿营以及在南岸草地的放牧。因此，许多人都为它的现状和未来而忧心忡忡。环境保护主义者断言，日渐增多的人类活动对贝加尔湖有害无益，甚至会破坏这难得的"人间仙境"。他们要求立即采取措施，严格控制人类活动，以保护美丽的贝加尔湖。然而，对贝加尔湖最大的威胁还是来自屡禁不止的非法捕猎活动以及游客造成的环境污染。

也许有人会问，贝加尔湖最为独特的地方在哪里呢？就在于它是一个充满浪漫传说的仙境。我曾听说过许多相关的美丽传说，但下面的这个传说给我的触动最深。

据当地人讲，这里曾经有位爱神，她的职责就是向需要爱的人播撒爱的种子——又有谁不需要爱呢？她希望世界到处都充满爱。同时，她还护卫着湖边的自然环境，并且每天晚上都会来到湖边。

一天晚上，湖岸上突然来了一位男子。巧合的是，他也叫贝加尔。贝加尔是个孤独无助、渴望爱心的凡人，但女神却与他一见钟情，于是他们很快就双双坠入了爱河。爱情的力量让他们冲破仙凡之隔，幸福地生活在一起，共同编织着美好的未来。

然而，他们的爱情却以悲剧告终。贝加尔认为自己不过是个凡夫俗子，根本配不上超凡脱俗的仙女。他觉得除了分手，自己别无选择。一天，他突然不辞而别，没有留下任何解释。可女神却一直不停地追寻，她终于找到了贝加尔，并砍去了他的双足，让他从此无法动弹，只有这样他才不会离开她了。

面对这样的爱情结局，谁能评判是非对错？你又会想些什么呢？

我之所以想起了贝加尔湖的传说，还因为另外两大湖泊，即印度尼西亚的多巴湖和巴基斯坦北部的可汗湖。它们除了周边的环境相似外，也一样都有着动人的浪漫传说。关于多巴湖的传说是：一个名为沙摩西的青年，从多巴湖里捕到了一条鱼，那条鱼变成了一位美丽的姑娘。她嫁给了沙摩西，两个人过上了幸福的生活，后来又有了孩子。然而，他们的爱情竟也免不了悲惨的结局。沙摩西无意间将妻子是鱼所变的这一秘密告诉了别人，惹怒了天神。天神们降下连绵不断的大雨，导致洪流暴发，淹没了整个山谷。沙摩西不幸遇难，他死后就化成了一座小岛。

至于可汗湖的传说，我们就更熟悉一些了。巴达加玛公主——高加索王的女儿有着超凡脱俗的美丽，波斯王子仰慕她的美貌并爱上了她。后来，王子历尽千辛万苦，终于赢得了巴达加玛公主的芳心。于是，可汗湖就成了他们秘密幽会的地方。在这里，他们相互倾诉衷肠，一起憧憬着美好的未来。然而，这一切被帕尔巴特女王的卫兵发现了，她对此嫉妒不已，就在某一天毁坏了湖岸，存心想淹死这一对恋人。幸运的是，这对恋人最终逃离险境，躲到了附近的一个山洞——据说那个山洞至今还在。

我的脑海里经常会有这样的幻象：月光之下，仙女们和她们的恋人在湖中畅游欢舞。我一直幻想着有一天能够亲眼看见他们。我也愿意相信这些神话传说。因此，每当我面对这些神秘的湖泊时，一种浪漫之感就会油然而生。波光月影相互交织，变幻无穷，让你百看不厌。当你仔细观赏这些湖泊——贝加尔湖、可汗湖或是其他的湖泊时，你就会看到如梦如幻的美景——湖面上云蒸霞蔚，色彩斑斓，当阳光不断地变换角度时，周围群山的影子也随之变得婀娜多姿。置身于这样的人间仙境，你可以放飞心情，从紧张的现代生活中解脱出来。此刻，在我脑海中，美丽的神话传说依然不断闪现。

Zhesixiaoyu

哲思小语

人们编织着这些美丽的传说，就是对美好事物的向往，希望人们能感受到大自然带给人们的这些美象，感受它的美丽和神奇，同时引导我们珍惜和向往美好的生活。即使我们在今天这样竞争激烈、压力很大的状态中，也一定要在心态上得以解脱，来冲淡世俗带给我们的某些杂念；放飞情思，享受大自然带给我们的浪漫，并感受未来生活的美好心绪。

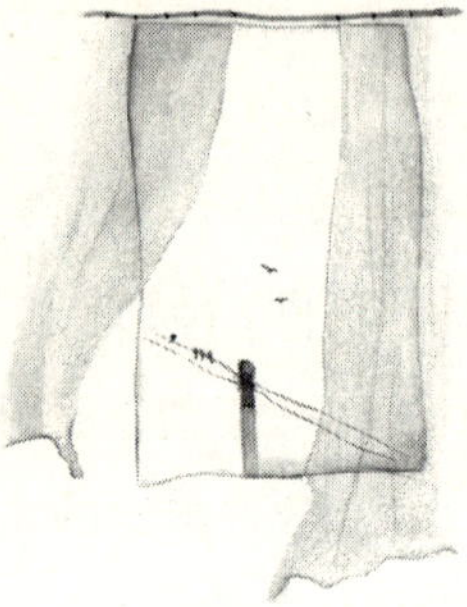

心灵的平静

当生活平稳地向前流淌，而我们又拥有一份不错的工作、良好的人际关系、健康的身体以及上等的经济条件时，我们就会享受到内心的平静，并由此感到快乐和满足。因此，只有当我们不再为什么而担心，也不再感到生活的紧张和匆忙的时候，我们才会真正拥有平静。

但日常生活并非事事如人意，总有一些事情会给我们带来忧虑、紧张和不安，让我们无法再平静下去。尽管如此，我们仍可抛开外部环境的干扰而享受到平静的愉悦。因为，心灵的平静是一种内在的状态，并不取决于外部环境。为什么一定要等到一切环境都适合了呢？为什么要依赖外部环境带给我们心灵的平静呢？

世界上有富人也有穷人，有健康人也有病人，有自由人也有生活在牢笼里的人，然而每个人都可以享受到内心的平静与安宁。不管是奴隶还是自由人，他们都有可能享受到心灵的平静。

心灵的平静好像存在于尘世，又似乎超乎于尘世。人们要想马上感觉到它，就必须独立于外部环境。即使在最艰难的情况下，人们也可以感受到内心的平静与和谐。当然，要达到这样的境界，首先就需要通过一定的训练。

思索会让内心宁静

我们产生了什么想法，便会去思考它们。我们可以选择忽视它们，体验真正的内心自由；我们也可以多加重视，使其发展、成熟。

当你必须思考时，就要选择那些积极的、快乐的、向上的思维方式，你要把思考和想象的重心放在那些你真正想要的，且相信有可能实现的想法上。你永远都要记住：思想决定你的生活。

当心灵静默时，内心和外部感觉都是愉快的。

当不需要思考时，心灵能保持静默，这本身就是一笔巨大的资本和一种难得的优势。

达到心灵的平静，也就是让自己从不断思考的压力中解脱出来，只要采取适当的训练，这是每个人都可以做到的。不过，仅仅阅读这篇文章并不会带给你心灵的平静。只要你完全理解了内心平静的价值，又真正想成功，那就没有什么可以阻止你。虽然这是内心的力量，但获取它的方式和实现其他切实的目标的方式没有什么区别。那就是必须努力和坚持。

很多人都受自己思想的奴役，却很少想到自己也可以摆脱它的控制，从而获得自由。从我们早上醒来的那一刻，一直到晚上入睡，头脑里的思想就从没有停止过。思考的习惯已经在人类的进程中根深蒂固。而事实上，习惯是可以改变的。

要改变或终止一个习惯，我们必须有意识地采取相反的行为。无论研究出了什么新技术，我们都必须努力地掌握它，直到把它转化为我们的第二种天性，变得得心应手。对心灵的控制同样如此。

真正对心灵的控制，不是只把注意力集中在一种思维上而忽视其他的思维，而是一种能使心灵彻底净化从而达到静默的能力。一位伟大的印度哲人说过："心灵只是各种思想的集合，抛开你的思想，就能回到最初的心灵。"所以说，当一个人脱离了思想的束缚时，他也就摆脱了心灵的禁锢，因为这两者基本上是相通的，一个人必须要认识并且理解这种关于心灵的错觉。

当乌云遮住太阳时，太阳仍在那里，只不过是躲在了云彩的后面。我们的本质、我们内心真实的自我，也一直是存在的。我们只需要去掉遮蔽它的包装和外套，就能够体验到内心的平静与安宁。这些包装和外套就是我们的思想、观点、习惯和信仰。我不是说要让你们停止思考，人需要通过不断地思考来延续生命。我的意思是你必须能够自我控制，思想必须为你服务，成为你的仆人，而不是主人。

达到心灵平静的忠告

你不必对某些词语,例如自我、内在本质、普遍意识等等感到不舒服。也许在你看来,这些“高深”的词都是些没有意义的空词,但实际上并非如此。它们代表着一些非常真实的东西,而不是模糊的概念。集中精力或是苦思冥想都可以使这些词变得有意义。因为精神的探索之路并不像有些人想象中那样模糊、虚幻和不切实际。通过亲身经历,你就会真正明白我所说的意思。

每个人都可以学习一种新的语言,但不是每个人都可以达到同样的专业水平。每个人都可以进行形体训练、画画或写作,但每个人达到的层次都有所不同。这是因为,你所能达到的水平或层次取决于你的内在素质、认真程度和为这项活动所投入的时间。然而,在这些活动中,每个人多多少少都会有所收益。因此,关于如何让自己从思考中解脱的训练也是如此。

试着平息激动的心绪;试着后退一步并静观其变。这样就有可能使心灵趋于平静,从而放松下来,以提高集中思想的能力或是进行沉思。所有这些方法都可以使心灵达到安宁与平静。

如果你遵循这些建议,并运用上面提到的技巧,你就会开始一段令人惊异的行程。只要你多进行实践、阅读相关的文章和书籍,并坚持加以训练就可以了。有一天你可能会遇到某个人,他也许会亲自教你,就像谚语所说的:“当学生准备好时,老师就出现了。”

随时注意观察你的思想,就好像它们是不属于你的外物,而不要把自己卷进去。要有意识地观察你的思想,只有这样,这种观察意识才能提高。

你必须时时刻刻提醒自己去观察自己的思想,因为你的大脑随时都有可能会忘记。无论怎样,你都不要放弃,成功终归属于你。如果你能尽你所能地经常锻炼,你就正在走向成功。这可能需要一段时间,但所付出的努力会得到更大的回报。

通过提高注意力和沉思默想,通过身体锻炼和正确呼吸,你也能提高心灵的平静。

切记,最重要的事情就是:锻炼,锻炼,再锻炼。

你不是你的心灵!

你不是你的思想！

你不是你的观点！

你不是你的信仰！

它们可能属于你，却不能代表你。

它们只是你所运用的工具，而你不必受其控制。

只有抛开这些，你才是真正的自己。

当思想停止时，你仍然存在，并没有与尘世隔离开来。只有当你达到无思的空虚之境时，你才真正感觉到你的存在、你的本质。在这种空虚之境里，往往充满着一些伟大、美好、有力而甜美的东西。这时，你将开始在平静中生活，开始在平静的心灵之海上航行。这即是纯粹的存在。

如果你实现了这种状态，你也就真正摆脱了思想的束缚。

同时，你也就真正自由了。

在这种状态下，就没有什么可以影响你了。你不会再将某个冲动的想法立即付诸行动了，你将成为一个完全有意识的存在，活泼、有力，超越一切。

你存在于这个世界上，你的生命在继续，但你超越了它。

真正心灵的平静是通向光明的大门。

你要把心灵的平静当做一种切实可行的可能，并通过自我暗示使心灵平静，以苦思冥想与集中精力的方式，开始享受你心灵的平静吧。

Zhesixiaoyu

哲思小语

我们是生活在整个社会群体当中的一个人，每天要接触不同的事物和人。有些事和人会让你不喜欢，必然会带来一些烦恼。如果你能以平和的心态对待这些烦恼，那你就会很平静地看待你所不喜欢的事，并且还可以理解和接受它。这就是一个人达到了心灵的宁静。你会把这一切看得很正常，其实你就会知道，这就是生活的本质。同时，你也可以从中得到快乐的回报。这时的你就可以享受平静带来的美好，你可以在心灵宁静之间自由邀游。这时的你才是一个超越自我的，并深刻感受到生活是一个充满了阳光、美好、自由的世界。

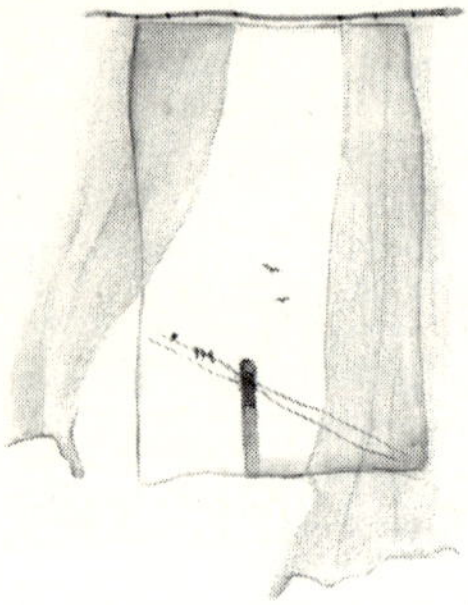

独特的美

她有着一种与外表无关的灵气与美丽。她就是那种只要我们去聆听，就会被她的言语轻易征服内心的人。

人们常说，人的天性并不为人所知。言辞的诠释、艺术的表现，以及人类似乎永无止境的思考，都在追寻着人类天性的真谛。有时，一些人以自己崇尚的真理为志趣，把对真理的追寻视为人生的大事。然而，也有其他的一些生活方式，正是对真理的孜孜追求构建了他们的生活。

过去，我常常会在教堂的收集篮里发现一些短文，它们都是一些优美的短文，有些是关于我的布道，也有些是短文作者在日常读《圣经》后的感想。写短文的人不仅对我个人的一些观点发表了自己的见解，同时还会引用一些他（她）曾经读过的一些令他（她）铭记在心或是喜爱的诗作及神秘主义者的话。这些短文常常会令我着迷。它们让我看到了一个对真理与美执著追求着的人。短文上的文字尽是被笔者珍爱着的言语，词句堪称优美动人。而且，我还发觉这些词句似乎也乐于让我们发现，它们是那样毫无保留地为这位匿名者效劳，现在，轮到这位匿名者来向它们学习，如何毫无保留地与人分享这些短文的奥妙。当美被人们分享时，它的光辉就会愈发地闪耀。

过了很久我才见到写下这些短文的人。

一个星期天的早上，来了一位女士，她说篮子里的留言条是她放的。坦白说，见到她第一眼时，我就认出了她。她是我这个教区的信徒，只是我一直不知道那些短文是她写下的。她坐在办公室里的一张椅子上，两手相扣放在腿上，头埋得低低的。当她抬起头看我的时候，她艰难地微笑了一下。她的脸是一张被损坏了的脸，外科手术使她的脸皮绷得紧紧的，因此，对她而言，表现出任何一种笑容都不是件容易的事。为了除去脸上碍眼的肉瘤，她接受了手术治疗，然而，这却让她承受了极大的痛苦。

那天早上，我们聊了一会儿，并约定在那个星期再找个时间一起吃顿午饭。

后来，我们一起又吃了几次午餐。每次与她一起用餐时，她都戴着帽子，我想，也许是她接受的某种治疗使她掉了不少头发，才不愿意把帽子摘下来。我们一同分享了各自生活中的点点滴滴。我向她讲述了自己读书以及成长的经历。她则告诉我，她在一家保险公司已工作多年了。席间，我们还谈论了彼此都读过的作品，这使我不难发现她对书的钟爱。

许多年来，我时常会想起她，在这个以外貌、地位、财富以及其他一些光鲜亮丽的东西为基调的社会中，她是怎样一路挺过来的呢？被毁掉的容颜使她无法变得迷人，我知道这一切正深深地刺痛着她。

如果她很漂亮，那么她的生活会不会有所不同呢？很有可能。不过她有着一种与外表无关的灵气与美丽。她就是那种只要我们去聆听，就会被她的言语轻易征服内心的人。她的言语出自一颗历经磨难，但却仍旧充满爱的心，就像所有人的心一样，只是她比别人更注重自己的内心世界。她用心去体会自己的内心，并从中学习一些东西。她拥有一种细腻的美感。她生命里的唯一恐惧就是失去朋友。

就是这样一个透过事物的表面去看本质的女人，将美与上帝的慈爱演绎到极致。同样，上帝也待她如友，正向她展示着生命的真谛。

Zhesixiaoyu

哲思小语

我们究竟要费多久才能达到她那样的成熟高度？甚至最终能否达到还是个未知数。我们时常会觉得身心疲惫，或是怀才不遇，为眼前的一切忧心忡忡，却往往忽视了一些历久弥新的东西。友谊，是如此珍贵而又美好的情感。我们只需要细心的呵护，或许只是简单的表达就足够了，比如偶尔给朋友打个电话问候一番，或者往朋友的邮箱里发一些优美动人的字条，期待着大家都能分享其中的美，并永远记住那份美妙。

美的不同展现

美德好比宝石，在朴素背景的衬托下反而会显得更加华丽。同样，一个打扮并不华贵，却端庄、优雅且具有高尚美德的人是令人肃然起敬的，这与所谓的外表美毫无关系。

美貌的人并不见得在其他才能上也会显得出众，就仿佛天地在创造万事万物之时，只求无过，不求完美一样。因此，许多容貌出众的人却往往一无所有。他们所追求的不过是外在的东西，喜欢对物质的占有，渴望住豪宅、开名车、穿品牌、吃佳肴；他们从不追求高尚的品德，从不思考如何使自己的头脑变得聪明睿智，如何让自己的心胸变得豁达开朗。当然，这种观点也并不完全是对的，比如罗马的奥古斯塔斯·恺撒、菲斯帕斯，法国俊美的菲利普，英王爱德华四世，雅典的阿尔西巴底斯，波斯王伊梅尔等，他们不但是品德高尚的人，还是不同时期远近闻名的美男子。这是上帝刻意创造出来的为数不多的完美典型，目的是让人们去学习和瞻仰。

就美而言，形体之美要胜于容貌之美，而端庄优雅的行为之美又胜于形体之美。最高境界的美是无法用图画表现出来的，也无法在生活中一眼看透。每种绝妙之美都有其独特之处。没有人可以告诉我们阿佩利斯与艾伯特·杜勒二人谁更玩世不恭,他们一个是按照几何比例描绘人像,另一个则通过观察不同人身上的最佳部位创造出最完美的画像。这些画坛名人画出来的画恐怕只会取悦他们自身,而其他人是不会喜欢的。我并非认为画家无法画出一张更加美丽的脸,只是觉得他们应该用一种更加巧妙的绘画方式来做到这一点(就如同音乐家制作出一曲优美的歌一样),而不是只凭借呆板的公式。事实上,我们常会看到这样的面孔——如果只是从局部加以观察,是找不到什么优点的,但作为一个整体却非常美丽。这是因为它们放在一起达到了一个和谐的效果。还有另一种截然相反的事实,我们也能看到一些面孔的许多部位都很精致,但是放在一起反而变得平凡,或者突显了局部而忽略了整体。很显然,整体美丽的效果要大于局部美丽的效果。

如果美的主体的确存在于端庄的举止之间,那么有些人在年老的时候反而会显得更加可爱就不足为奇了。人们常说:“美丽的人,即便是到了暮年也是美丽的。”美就像盛夏里的果实,很难保持长久。它通常会使许多人在年轻的时候过着放荡不羁的生活,在年老的时候却悔恨不已。不过,毫无疑问,如果美能恰如其分地展现,那么就会使人们身上的美德昭然,恶行羞隐。

Zhesixiaoyu

哲思小语

世界上有很多的美,美丽的容貌会让人着迷,美丽的形体会让人欢喜,美丽的行为会让人如饮醇醪,深深陶醉。容貌形体之美可以让人一眼看到,能让人直接获得感官上的享受,而行为之美却需要用心去感受,用心去体会其中的丰富多彩。当容貌形体之美随年华一起逝去的时候,只剩下行为之美,犹如在岁月的熔炉中淬炼过一般,越发闪耀出熠熠的光辉。这才是值得我们毕生追求的、真正的美。

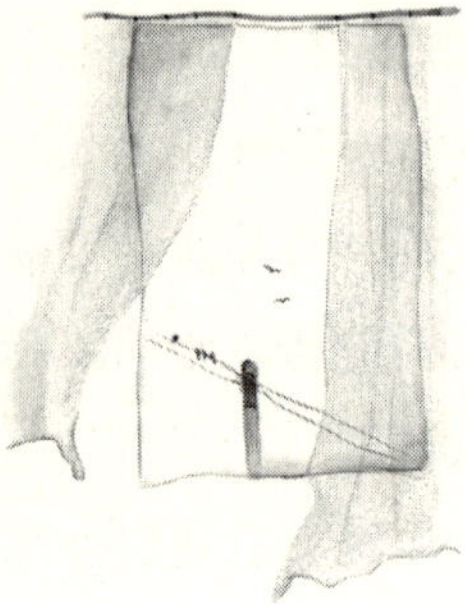

谎言也美丽

在一次盛大的舞会上，实话先生见到一位风韵犹存的老女人，便走上前去，彬彬有礼地说："您让我想起您年轻的时候。"

老女人微笑着说："怎么样？"

"很美。"

"难道我现在不美吗？"老女人带着几分戏谑的语气说。

"是的。"实话先生非常认真地说，"比起年轻女人，您的皮肤松弛，缺乏光泽，更让人同情的是，您的脸上还有皱纹。"

老女人的脸色顿时变得很难看，她尴尬地瞪着微怒的眼睛，刚才的自信和优雅也一下子消失了。

这时，谎言先生来到老女人面前，温文尔雅地邀请老女人跳舞，他谦恭地说："您是这舞会上最美的女人，如果您愿意接受我的邀请，我将是舞会上最荣幸的人。"

老女人的眼睛里顿时闪现出迷人的神采，她微微一笑，毫不犹豫地将手交给了谎言先生。

谎言先生和老女人在舞池里跳了一曲又一曲。老女人面含微笑，如同沉浸在无比的幸福里。

实话先生坐在一边看着这对年龄不相称的舞伴儿。这时，谎言先生微笑着对老女人说了句话，老女人立时像恢复了青春活力，全身洋溢着生命的激情与魅力，她跳着舞，宛如一个漂亮而优雅的年轻女郎！

舞会结束后，实话先生叫住刚送走老女人的谎言先生，问道："跳舞的时候,你对她说了什么?”

谎言先生说:“我只是对她说:‘我爱你,你愿意嫁给我吗?’”

实话先生瞪大眼睛,激动地说:“你在说谎,你根本不会娶她!”

“不错。可她很愉快,你不会没有看见吧?!”

第二天,实话先生和谎言先生分别收到一纸讣文:“×日于×地参加×××的葬礼。”在墓地里不期而遇后,他们的目光同时投向了棺木,那里躺着的正是那位老女人。

葬礼结束后,一位仆人走过来,将老女人留下的两封信分别交给了实话先生和谎言先生。

实话先生打开信看到这样的内容:“实话先生,你说得很对,衰老、死亡最终不可避免。但是,说出来却如雪上加霜,我将把一生的日记赠送给你,那才是我的真实。”

谎言先生打开信看到这样的内容:“谎言先生,我十分感谢你的承诺,虽然我无福接受,但它融化了我心中沉积的霜雪;让我生命的最后一夜过得饱满而幸福;让我生命的枯木重新萌发了新芽。我将把我的遗产全部赠送给你,请你用它继续去制造美丽的谎言吧!”

Zhesixiaoyu

哲思小语

能为别人带来快乐是我们每个人都想做的事,但有时我们无法把握好如何做才能带给别人快乐,反倒会伤害别人。就如同我们如果给一个犯了错误、处在绝望中的人一句安慰的谅解的话,那么他可能就会重新燃起生活的希望之火,就等于我们挽救了这个人。诚实本是一种美德,但运用不当却有害无益;说谎虽是一种恶习,但若是出于善意,并把握好分寸,也能受到人们的欢迎,有时,或许还能创造一种别样的美丽。